换一个角度思考，换一种方式努力。

逆转思维

德群 / 著

中国华侨出版社
·北京·

前 言
PREFACE

有这样一则故事，说的是两个鞋厂的推销员，同时来到太平洋的一个岛国推销鞋。他们看到同一个事实：这里的人不穿鞋。

A鞋厂的推销员向厂部发回信息说："这里的人不穿鞋，鞋在这里没有市场。"然后他就失望地离开了这个岛国。

B鞋厂的推销员却兴奋地向厂部发回信息说："这里的人都还没有穿鞋，有很好的市场前景。"然后他把一双最好看的鞋送给岛国的国王穿，这里的人看到国王穿鞋，也学着穿鞋，结果人人穿鞋。于是B鞋厂的推销员在这里开设了卖鞋的商店，结果，B鞋厂发财了。

同一个事实，却产生两种截然不同的结局。因为思维不同，看问题的角度不同，解决问题的方法不同，所以导致了天壤之别的结果。B鞋厂的推销员正是运用了逆向思维，才取得了完全不一样的结果。世界上还有很多事情，都可以运用逆向思维，而有不同的结果。

现实生活中，我们常常会看到，那些思路灵活、善于运用逆向思维的人，总是比别人强，他们能赚更多的钱，有不错的工作和良好的人际关系，身体健康，生活愉快，过着高品质的生活，人生充满了无限的趣味。而那些缺乏思考、不懂变通的人，虽然整天忙忙碌碌，却总是穷于应对人生，过着入不敷出、捉襟见肘的生活。一生中，我们拥有许许多多选择人生的机会，关键在于我们的头脑中是否形成了正确的思路，并决心为之付出努力。一个善于用逆向思维开拓新思路的人，一定是一个善于发现机会和勇于开拓创新的人。懂得逆向思维的人，比只会埋头苦干、不善思考的人更能获得成功，也更容易过上称心如意的生活。

这个世界上很多事情，只要你逆向思维，并下定决心去做，就一定能做到。大多数人认为不可能的事，少数人做到了，因此成功的总是少数人。大多数人遇到比较困难的事，就觉得无论如何也做不到，于是打起退堂鼓回避问题，根本不去想有没有解决的办法。而那些取得成功的少数人不会被困难吓倒，他们逆向思考，想办法克服困难，总能迎难而上。成功者之所以在众多的竞争者中一枝独秀，就是因为他们拥有出奇制胜的逆向思维。

在竞争日趋激烈、节奏日益加快的今天，每天都会出现大量错综复杂的问题，给人们的事业、工作、学习、生活等带来压力、障碍。要迅速有效地解决这些问题，就需要逆向思维。逆向思维，是对常规思维的否定和突破，它可以帮助我们修正人生坐标，最大限度地发挥自身的潜能，高效地解决摆在面前的各种问题，冲破事业、生活等人生困局，在汹涌的时代大潮中立于不败之地。本书旨在帮助读者运用逆向思维找到成功的思路、塑造成功的心态、掌握成功的方法，在现实中突破思维定式，克服心理与思想障碍，确立良好的解决问题的思路，提高处理、解决问题的能力，把握机遇，能为人之不能为，敢为人之不敢为，从而开启成功的人生之门。

目 录
CONTENTS

第三章　一切阻碍都是线索，所有陷阱都是路径

第四章　站到对方的位置，看到自己的问题

第五章　职场生存，笑到最后的人想得不一样

第六章　生意好不好，思路比努力更重要

第一章

逆转思维，就可以逆转人生

逆转思维是一种重要的思考能力

逆转思维法又称反向思维法，是指为实现某一创新或解决某一用常规思路难以解决的问题，而采用反向思维寻求解决的方法。它主要包括反转型逆转思维法、转换型逆转思维法、缺点逆用法和反推因果法。

逆转思维法的魅力之一，就是对某些事物或东西，从反面进行利用。运用逆转思维是一种创造能力。

逆转思维就是大违常理，从反面进行探索问题和解决问题的思维。

南唐后主李煜派博学善辩的徐铉到大宋进贡。按照惯例，大宋朝廷要派一名官员与其使者入朝。朝中大臣都认为自己辞令比不上徐铉，谁都不敢应战，最后反映到宋太祖那里。

太祖的做法大大出乎众人意料，其命人找 10 名不识字的侍卫，把他们的名字写上送进宫，太祖用笔随便圈了个名字，说："这人可以。"在场的人都很吃惊，但也不敢提出异议，只好让这个还未明白是怎么回事的侍卫前去。

徐铉见了侍卫，滔滔不绝地讲了起来，侍卫根本搭不上话，只好连连点头。徐铉见来人只知点头，猜不出他到底有多大能耐，只好硬着头皮讲。一连几天，侍卫还是不说话，徐铉也讲累了，于是也不再吭声。

这就是历史上有名的宋太祖以愚困智解难题之举。

照一般的做法，对付善辩的人，应该是找一个更善辩的人，但宋太祖偏偏找一个不认识字的人去应对。这样一来，反倒引起了善辩高手的猜疑，认为陪伴自己的人，是代表宋朝"国家级水平"的人，既猜不透，又不敢放肆。以愚困智，只因智之长处，根本无法发挥，这实际上是一种"化废为宝"的逆转思维方式。逆转思维对经营或者技术发明同样具有很大的创新意义。

1820年，丹麦哥本哈根大学物理学教授奥斯特，通过多次实验证实存在电流的磁效应。这一发现传到欧洲大陆后，吸引了许多人参加电磁学的研究。英国物理学家法拉第怀着极大的兴趣重复了奥斯特的实验。果然，只要导线通上电流，导线附近的磁针立刻就会发生偏转，他深深地被这种奇异现象吸引。当时，德国古典哲学中的辩证思想已传入英国，法拉第受其影响，认为电和磁之间必然存在联系并且能相互转化。他想既然电能产生磁场，那么磁场也能产生电。

为了使这种设想能够实现，他从1821年开始做磁产生电的实验。几次实验都失败了，但他坚信，从反向思考问题的方法是正确的，并继续坚持这一思维方式。

10年后，法拉第设计了一种新的实验，他把一块条形磁铁插入一只缠着导线的空心圆筒里，结果导线两端连接的电流计上的指针发生了微弱的转动，电流产生了！随后，他又完成了各种各样的实验，如两个线圈相对运动，磁作用力的变化同样也能产生电流。

法拉第 10 年不懈的努力并没有白费，1831 年他提出了著名的电磁感应定律，并根据这一定律发明了世界上第一台发电装置。

如今，他的定律正深刻地改变着我们的生活。

法拉第成功地发现电磁感应定律，是运用逆转思维方法的一次重大胜利。传统观念和思维习惯常常阻碍着人们的创造性思维活动的展开，逆转思维就是要冲破框框，从现有的思路返回，从与它相反的方向寻找解决难题的办法。常见的方法是就事物的结果倒过来思维，就事物的某个条件倒过来思维，就事物所处的位置倒过来思维，就事物起作用的过程或方式倒过来思维。生活实践也证明，逆转思维是一种重要的思考能力，它对于人才的创造能力及解决问题能力的培养具有相当重要的意义。

做一条反向游泳的鱼

当你面对一个史无前例的难题，沿着某一固定方向思考而不得其解时，灵活地调整一下思维的方向，从不同角度展开思考，甚至把事情整个反过来想一下，那么就有可能反中求胜，摘得成功的果实。

宋神宗熙宁年间，越州（今浙江绍兴）闹蝗灾。成片的蝗虫像乌云一样，遮天蔽日。所到之处，禾苗全无，树木无叶，一片肃杀景象。当然，这年的庄稼颗粒无收。

当时，新到任的越州知州赵汴，就面临着整治蝗灾的艰巨任务。越州不乏大户人家，他们有积年存粮。老百姓在青黄不接时，大都过着半饥半饱的日子，而一旦遭灾，便缺大半年的口粮。灾荒之年，粮食比金银还贵重，哪家不想存粮活命？一时间，越州米价飞涨。

面对此种情景，僚属们都沉不住气了，纷纷来找赵汴，求他拿出办法来。借此机会，赵汴召集僚属们来商议救灾对策。

大家议论纷纷，但有一条是肯定的，就是依照惯例，由官府出告示，压制米价，以救百姓之命。僚属们七嘴八舌，说附近某州某县已经出告示压米价了，我们倘若还不行动，米价天天上涨，老百姓将不堪其苦，甚至会起事造反。

赵汴听了大家的讨论后，沉吟良久，才不紧不慢地说："这次救灾，我想反其道而行之，不出告示压米价，而出告示宣布米价可自由上涨。""啊？"众僚属一听，都目瞪口呆，先是怀疑知州大人在开玩笑，而后看知州大人很认真的样子，又怀疑这位大人吃错了药，在胡言乱语。赵汴见大家不理解，笑了笑，胸有成竹地说："就这么办。起草文书吧！"

官令如山倒，大人说怎么办就怎么办。不过，大家心里都直犯嘀咕：这次救灾肯定会失败，越州将饿殍遍野，越州百姓要遭殃了！这时，附近州县纷纷贴出告示，严禁私增米价。若有违犯者，一经查出，严惩不贷。揭发检举私增米价者，官府予以奖励。而越州则贴出不限米价的告示，于是，四面八方的米商纷纷闻讯而至。头几天，米价确实增了不少，但买米者看到米上市的太多，都观望不买。然而过了几天，米价开始下跌，并且一天比一天跌得快。米商们想不卖再运回去，但一则运费太贵，增加成本，二则别处又限米价，于是只好忍痛降价出售。这样一来，越州的米价虽然比别的州县略高点，但百姓有钱便可买到米；而别的州县米价虽然压下来了，但百姓排半天队，却很难买到米。所以，这次大灾，越州饿死的人最少，受到朝廷的嘉奖。

僚属们这才佩服起赵抃的计谋，纷纷来请教其中的原因。赵抃说："市场之常性，物多则贱，物少则贵。我们这样一反常态，告示米商们可随意加价，米商们都蜂拥而来。吃米的还是那么多人，米价怎能涨上去呢？"原来奥妙在此。

很多时候，对问题只从一个角度去想，很可能进入死胡同，因为事实也许存在完全相反的可能。有时，问题实在很棘手，从正面无法解决，这时，假如探寻逆向可能，反倒会有出乎意料的结果。

有一个故事，主人公也是运用了逆转思维的手法而取得了不错的效果。

巴黎的一条大街上，同时住着 3 个不错的裁缝。可是，因为离得太近，所以生意上的竞争非常激烈。为了能够压倒别人，吸引更多的顾客，裁缝们纷纷在门口的招牌上做文章。一天，一个裁缝在门前的招牌上写上了"巴黎城里最好的裁缝"，结果吸引了许多顾客光临。看到这种情况以后，另一个裁缝也不甘示弱。第二天，他在门口挂出了"全法国最好的裁缝"的招牌，结果同样招徕了不少顾客。

第三个裁缝非常苦恼，前两个裁缝挂出的招牌吸引了大部分的顾客，如果不能想出一个更好的办法，很可能就要成为"生意最差的裁缝"了。但是，什么词可以超过"巴黎"和"全法国"呢？如果挂出"全世界最好的裁缝"的招牌，无疑会让别人感觉到虚假，也会遭到同行的讥讽。到底应该怎么办？正当他愁眉不展的时候，儿子放学回来了。知道父亲发愁的原因以后，他笑着说："这还不简单！"随后挥笔在招牌上写了几个字，挂了出去。

第三天，另两个裁缝站在街道上等着看他们的另一个同行的笑话，但事情却出乎他们的意料。因为，他们发现，很多顾客被第三个裁缝"抢"走了。这是什么原因？原来，妙就妙在他的那块招牌上，只见上面写着"本街道最好的裁缝"几个大字。

在竞争日趋激烈的今天，人们更需要借助非常规的思维方式来取胜。在上面的故事中，面对其他人提出的全城和全国的"大"，裁缝的儿子却利用街道的"小"来做文章，并最终取得了胜利。因为在全城或者全国，他不一定是最好的，但在街道这个特定区域里，他就是最好的，而这才是具有绝对竞争力的。

思维逆转本身就是一种灵感的源泉。遇到问题，我们不妨多想一下，能否从反方向考虑一下解决的办法。反其道而行之是人生的一种大智慧，当别人都在努力向前时，你不妨倒回去，做一条反向游泳的鱼，去寻找属于你的道路。

反转你的大脑，问题迎刃而解

人一旦形成了某种认知，就会习惯地顺着这种思维定式去思考问题，习惯性地按老办法想当然地处理问题，不愿也不会转个方向解决问题，这是很多人都有的一种愚顽的"难治之症"。这种人的共同特点是习惯于守旧、迷信盲从，所思所行都是唯上、唯书、唯经验，不敢越雷池一步。而要使问题真正得以解决，往往要改变这种认知，将大脑"反转"过来。

美国的一座城市有座著名的高层大厦，因客人不断增多，很多人常常被堵在电梯口。大厦主人决定增建一部电梯。电梯工程师和建筑师为此反复勘查了现场，研究再三，决定在各楼层凿洞，再安装一部新电梯。不久，图纸设计好了，施工也已准备就绪。这时，一个清洁工人听说要把各层地板凿开装电梯，便说：

"这可要搞得天翻地覆喽！"

"是啊！"工程师回答说。

"那么，这个大厦也要停止营业了？"

"不错，但是没有别的办法。如果再不安装一部新电梯，情况比这更糟。"

"要是我呀，就把新电梯安装在大楼外边。"清洁工不以为然地说。

没料到，这个"不以为然"的想法，竟成为世界上把电梯安装在大楼外边的"首创"者。

有人也许会问，论知识水平，工程师和建筑师比清洁工高得多，可他们为什么想不到这一点呢？说来也不奇怪。原来在这两位的心目中，楼梯不管是木质的、混凝土的还是电动的，都是建在楼内之梯。如今要新增电梯，理所当然也只能建在楼内。楼外，他们连想也没想过。

清洁工人却根本没有这个框框。她所想的是实际问题：怎样才能不影响公司正常营业，她本人也不至于失去工作。于是她便很自然地提出把新电梯建在楼外的想法。

言者无意，听者有心。清洁工的一句话打破了建筑师和工程师的思维习惯，开通了他们的创新思路。世界上第一部在大楼外安装的电梯就这样诞生了。

事实表明，一个人只要陷入思维定式，他的思维便会自我封闭。要想突破束缚和禁锢，提高自己的思维能力，就必须时刻注意反转你的大脑。

有一家旅馆的经理，对于旅馆内的一些物品经常被住宿的旅客顺手牵羊感到头痛，却一直拿不出有效的对策来。

他嘱咐属下在客人到柜台结账时，要迅速派人去房内查看是否有什么东西不见了。结果客人都在柜台前等待，直到房务部人员查清楚之后才能结账，这样结账不但太慢，而且客人觉得面子上挂不住，下一次再也不住这家旅馆了。

旅馆经理觉得这样下去不是办法，于是召集了各部门主管，想想有什么更好的法子，能制止旅客顺手牵羊。

几个主管围坐在一起冥思苦想了一番。一位年轻主管忽然说："既然旅客喜欢，为什么不让他们带走呢？"

旅馆经理一听瞪大了眼睛，这是哪门子的馊主意？

年轻主管急忙挥挥手表示还有下文，他说："既然顾客喜欢，我们就在每件东西上标价。说不定还可以有额外收入呢！"

大家眼睛都亮了起来，兴奋地按计划进行。

有些旅客喜欢顺手牵羊，并非蓄意偷窃，而是因为很喜欢房内的物品，下意识觉得既然付了这么贵的房租，为什么不能取回家做纪念品，又没明文规定哪些不能拿，于是，就故意装糊涂拿走一些小东西。

针对这一点，这家旅馆给每样东西都标上了价格，并说明客人如果喜欢，可以向柜台登记购买。在这家旅馆之内，忽然多出了好多东西，像墙上的画、手工艺品、有当地特色的小摆饰、漂亮的桌布，甚至柔软的枕头、床罩、椅子等用品都有标价。如此一来，旅馆里里外外都布置得美轮美奂，给客人们的印象好极了。

这家旅馆的生意竟然越来越好了！

反转大脑，要求我们深入思考问题，发现问题的根源所在。就像文中这位年轻的主管，他发现客人"顺手牵羊"并非想占便宜，而是真心喜欢旅馆的装饰品，那么，解决的方法很简单：明码标价，卖给他们就行了。在平时的工作学习中，我们也不要让自己陷入思维的死胡同，要懂得适时反转自己的大脑，运用逆转思维，以使问题获得解决。

倒过来试试，困境往往会柳暗花明

很多时候，你只从一个角度去想事情，很可能会让自己的想法进入死胡同，无法寻求到解决问题的有效方法。甚至有些时候，问题非常棘手，从正面或侧面根本没法解决。这个时候，如果你试着倒过来想，没准就会有出乎意料的惊喜！

有这样一个故事。

古时候，一位老农得罪了当地的一个富商，被其陷害关入了大牢。当地有这样一项法律：当一个人被判死刑时，还可以有一次抓阄的机会，只有生死两签，要么判处死刑，要么救下一命，改为流放。

陷害老农的富商，怕这个老农运气好，抓到生签，便决定买通制阄人，要两签均为"死"。老农的女儿探知这一消息，大为震惊，认为父亲必死无疑。但老农一听此事，反倒喜形于色："我有救了。"执行之日，老农果然轻易得活，让家人和陷害者大惊失色。

他用的是什么方法呢？原来，当要抓阄时，老农随便抓一个往口里一丢，说："我认命了，看余下的是什么吧。"结果打开一看，确实是"死"。制阄人自然不敢说自己造了假，于是断定其所抓之阄是"生"。老农死里逃生。

这就是"倒过来想"的魅力！在遇到问题时，多从对立面想一想，既能把坏事变好事，又能发现许多创造的良机。

20世纪60年代中期，全世界都在研究制造晶体管的原料——锗，大家认为最大的问题是如何将锗提炼得更纯。

索尼公司的江崎研究所，也全力投入了一种新型的电子管研究。为了研究出高灵敏度的电子管，人们一直在提高锗的纯度上下功夫。当时，锗的纯度已达到了99.9999999%，要想再提高一步，真是比登天还难。

这时，刚出校门的黑田由里子，被分配到江崎研究所工作，担任提高锗纯度的助理研究员。黑田小姐比较粗心，在实验中老是出错，免不了受到江崎博士的批评。后来，黑田小姐发牢骚说："看来，我难以胜任这提纯的工作，如果让我往里掺杂质，我一定会干得很好。"

不料，黑田小姐的话突然触动了江崎的思绪，如果反过来会如何呢？于是，他真的让黑田小姐一点一点地向纯锗里掺杂质，看会有什么结果。

于是，黑田小姐每天都朝相反的方向做实验，当黑田把杂质增加到 1000 倍的时候（锗的纯度降到了原来的一半），测定仪器上出现了一个大弧度的局限，几乎使她认为是仪器出了故障。黑田小姐马上向江崎报告了这一结果。江崎又重复多次这样的试验，终于发现了一种理想的晶体。接着，他们又发明出自动电子技术领域的新型元件，使用这种电子晶体技术，电子计算机的体积缩小到原来的 1/4，运行速度提高了十多倍。此项发明一举轰动世界。

倒过来想就是如此神奇，看似难以解决的问题，从它的反面来考虑，立刻迎刃而解了。这种方法不只适用于科学研究，在企业经营中也能催生出一些好的策略。

某制药企业刚刚生产出一种特效药，价钱比较高，企业又没有很多预算做广告和推销，所以销量不是很好。有一天，企业在运货过程中无意间将一箱药品丢失，面临几万元的损失。面对这样一个突发事件，企业的领导层没有简单地惩罚当事人了事，而是将问题倒过来想，试图从问题的反方向来解决，并迅速形成了一个意在营销的决策：马上在各个媒体上发表声明，告诉公众自己丢失了一箱某种品牌的特效药，价值名贵，疗效显著，但是需要在医生指导下服用，因此企业本着对消费者负责的态度，希望拾到者能将药品送回或妥善处理而不要擅自服用。企业最终并没有找到丢失的药品，但是声明过后，通过媒体、读者的口口相传，消费者对该药品、品牌和企业的认知度与信赖感明显提高。很快，药品的知名度和销量迅速上升，这个创意为企业创造的效益已经远远高于丢失药品导致的损失了。

"倒过来想"的方法可以拓展我们的思维广度，为问题的解决提供一个新的视角。我们已经习惯了"正着想问题"的思维模式，偶尔尝试"倒过来想"，也许你会收到"柳暗花明又一村"的效果。

反转型逆转思维：要想知道，打个颠倒

反转型逆转思维法是指从已知事物的相反方向进行思考，寻找发明构思的途径。

"事物的相反方向"常常从事物的功能、结构和因果关系三方面作反向思维。

火箭首先是以"往上发射"的方式出现的，后来，苏联工程师米海依却运用此方法，终于成功设计、研究了"往下发射"的钻井火箭、穿冰层火箭、穿岩石火箭等，统称为钻地火箭。

科技界把钻地火箭的发明视为一场"穿地手段"的革命。

原来的破冰船工作的方式都是由上向下压，后来有人运用反转型逆转思维法，研制出了潜水破冰船。这种破冰船将"由上向下压"改为"从下往上顶"，既减少了动力消耗，又提高了破冰效率。

隧道挖掘的传统方法是：先挖洞，挖过一段距离后，便开始打木桩，用以支撑洞壁，然后再继续往前挖；有了一段距离后，再用木桩支撑洞壁，这样一段一段连接起来，便成了隧道。

这样的挖法，要是碰上坚硬的岩石算是走运，一旦碰上土质疏松的地段，麻烦就大了。有时还会造成塌方而把已经挖好的隧道堵死，甚至会有人员伤亡。

美国有一位工程师解决了这一难题。他对原有的挖掘方法采取了"倒过来想"的思考方式，对挖掘隧道的过程采取颠倒的做法：先按照隧道的形状和大小，挖出一系列的小隧道，然后往这些小隧道里灌注混凝土，使它们围拢成一个大管子，形成隧道的洞壁。

洞壁确定以后，接下来再用打竖井的方法挖洞。实践证明，这种先筑洞壁、后挖洞的新方法，不仅可以避免洞壁倒塌，而且可以从隧道的两头同时挖掘，既省工又省时，效果非常显著，世界上许多国家采纳了这一方法。

反转型逆转思维法针对事物的内部结构和功能从相反的方向进行思考，对于事物结构与功能的再造有着突出的作用。它的应用范围很广泛，商业办公中常用的防影印纸便是这种思维方法下的产物。

格德纳是加拿大一家公司的普通职员。一天，他不小心碰翻了一个瓶子，瓶子里装的液体浸湿了桌上一份正待复印的文件。文件非常重要。

格德纳很着急，心想这下可闯祸了，文件上的文字可能看不清了。

他赶紧抓起文件来仔细查看，令他感到奇怪的是，文件上被液体浸染的部分，其字迹依然清晰可见。

当他拿去复印时，又一个意外情况出现了，复印出来的文件，被液体污染后仍很清晰的那部分，竟变成了一团黑斑，这又使他转喜为忧。

为了消除文件上的黑斑，他绞尽脑汁，但一筹莫展。

突然，他的头脑中冒出一个针对"液体"与"黑斑"倒过来想的念头。自从复印机发明以来，人们不是为文件被盗印而大伤脑筋吗？为什么不以这种液体为基础，化其不利为有利，而研制一种能防止盗印的特殊液体呢？

格德纳利用这种逆转思维，经过长时间艰苦努力，最终把这种产品研制成功。但他最后推向市场的不是液体，而是一种深红色的影印纸，并且销路很好。

从上述案例可知，反转型逆转思维法在发明应用实践中，有的是方向颠倒，有的则是结构倒装，或者功能逆用。当运用这种思维方法时，首要的是找准"正"与"反"两个对立统一的思维点，然后再寻找突破点。像大与小、高与低、热与冷、长与短、白与黑、歪与正、好与坏、是与非、古与今、粗与细、多与少等，都可以构成逆转思维。大胆想象，反中求胜，均可收获创意的"珍珠"。

缺点逆用思维：将缺点变为可利用的优点

缺点逆用思维法是一种利用事物的缺点，将缺点变为可利用的优点，化被动为主动，化不利为有利的思维方法。

美国的"饭桶演唱队"就是运用缺点逆用思维法，"炒作"自己的缺点，从而一举成名的。

"饭桶演唱队"的前身是"三人迪斯科演唱队"，由3名肥胖得出奇的小伙子组成，演唱的题材大多是关于食品、吃喝和胖子等笑料，很受市民欢迎。有一次在欧洲演出，有家旅店的经理见他们个个又肥又胖，穿上又宽又大的演出服，简直与3只大桶一般无二，于是嘲笑他们，建议他们创作一首"饭桶歌"唱唱，说这会相得益彰。经理本是奚落嘲弄，3个胖小伙也着实又恼又怒，但恼怒之后便兴高采烈了。对，肥胖就肥胖，干脆将"三人迪斯科演唱队"改为"饭桶演唱队"，而且即兴创作了《饭桶歌》。第一天演唱便赢得了观众如雷的掌声。3人录制的《三个大饭桶》

唱片,一上市便是 10 万张,几天即被抢购一空。

从这个故事可以看出来,缺点固然有其不足的一面,但发现缺点、认定缺点、剖析缺点并积极地寻求克服或者利用它的方法,往往能创造一个契机,找到一个出发点。俗话说得好,有一弊必有一利,利弊关系的这种统一属性,正是新事物不断产生的理论和实践基础。

法国有一名商人,在航海时发现,海员十分珍惜随船携带的淡水,于是知道了浩渺无垠的大海尽管气象万千,但大海中的水却可望而不可喝。应当说,这是海水的缺点,几乎所有的人都了解这一点。商人却认真地注意起大海的这个缺点来,它咸,它苦,与清甜的山泉相比,简直不能相提并论,难道它当真只能为人们所厌恶?想着想着,他突发奇想,如果将苦咸的海水当作辽阔而深沉的大海奉献给从未见过大海的人们,又会怎样呢?于是他用精巧的器皿盛满海水,作为"大海"出售,而且在说明书中宣称:烹调美味佳肴时,滴几滴海水进去,美食将更添特殊风味。反响是异乎寻常地强烈,家庭主妇们将"大海"买去,尽情观赏之后,让它一点一滴地走上餐桌,她们为此乐不可支。

这种在缺点上做文章、由缺点激发创意的方法越来越广泛地被应用,也取得了较好的结果。在运用此方法时,我们还应注意对缺点保持一种积极而审慎的态度,还可以尝试使事物的缺点更加明显,也许会收到物极必反的效果。

有个纺纱厂因设备老化,织出的纱线粗细不均,眼看就要产生一批残品，遭受重大的损失，老板很是头痛。

这时，一位职员提出，不如"将错就错"，将纱线制成衣服，因为纱线有粗有细，衣服的纹路也不同寻常，也许会受到消费者的欢迎。

老板觉得有道理，便听从了职员的建议。果然，这样制成的衣服具有古朴的风格，相当有个性，很受大众的欢迎，推出不久便销售一空。就这样，本会赔本的"残品"却卖出了好价钱，获得了更多的利润。

其实，任何事物都没有绝对的好与坏，从一个角度看是缺点，换一个角度看也许就变成了优点，对这一"缺点"加以合理利用，就可以收到化不利为有利的效果。

转换型逆转思维：换一个角度思考问题

转换型逆转思维法是指在研究某一问题时，由于解决某一问题的手段受阻，而转换成另一种手段，或转换思考角度，以使问题顺利解决的思维方法。

很久以前，还没有发明鞋子，所以人们都赤着脚，即使是冰天雪地也不例外。有一个国家的国王喜欢打猎，他经常出去打猎，但是他进出都骑马，从来不徒步行走。

有一回他在打猎时偶尔走了一段路，可是真倒霉，他的脚让一根刺扎了。他痛得哇哇直叫，把身边的侍从大骂了一顿。第二天，他向一个大臣下令：一星期之内，必须把城里大街小巷统统铺上毛皮。如果不能如期完工，就要把大臣绞死。听到国王的命令，那个大臣十分惊讶。可是国王的命令怎么能不执行呢？他只得全力照办。大臣向自己的下属官吏下达命令，官吏们又向下面的工匠下达命令。很快，往街上铺毛皮的工作就开始了，声势十分浩大。

铺着铺着就出现了问题，所有的毛皮很快就用完了。于是，不得不每天宰杀牲口。一连杀了成千上万的牲口，可是铺好的街道还不到百分之一。

离限期只有两天了，急得大臣消瘦了许多。大臣有一个女儿，非常聪明。她对父亲说："这件事由我来办。"

大臣苦笑了几声，没有说话。可是姑娘坚持要帮父亲解决难题。她向父亲讨了两块皮，按照脚的模样做了两只皮口袋。

第二天，姑娘让父亲带她去见国王。来到王宫，姑娘先向国王请安，然后说："大王，您下达的任务，我们都完成了。您把这两只皮口袋穿在脚上，走到哪儿去都行。别说小刺，就是钉子也扎不到您的脚！"

国王把两只皮口袋穿在脚上，然后在地上走了走。他为姑娘的聪明而感到惊奇，穿上这两只皮口袋走路舒服极了。

国王下令把铺在街上的毛皮全部揭起来。很快，揭起来的毛皮堆成了一座山，人们用它们做了成千上万双鞋子，而且想出了许多不同的样式。

许多人遇到问题便为其所困，找不到解决的办法，实际上，如果能换个角度看问题，有时一个看似很困难的问题也可以用巧妙的方法轻松解决。这就需要我们在生活中培养这种多角度看问题的能力。

反面求证：凡事都有对立面，你看哪面

某些事物是互为因果的，从这一方面，可以探究到与其对立的另一方面。

有一个商人，想要雇用一名得力的助手，他想到了一个测试方法，由前来应聘的两位应聘者之中，选择一位最聪明的人作为助手。

他让 A 和 B 同时进入一间没有窗户，而且除了地上的一个盒子外，空无一物的房间内。商人指着盒子对两个人说："这里有5顶帽子，有2顶是红色的，3顶是黑色的，现在我把电灯关上，我们3个人从盒子里每人摸出一顶帽子戴在头上，戴好帽子打开灯后，你们要迅速地说出自己所戴帽子的颜色。"

灯打开后，两人都看到商人的头上是一顶红帽子，又对望了

一会儿，都迟疑地不敢说出自己头上的帽子是什么颜色。

忽然，B 大叫一声："我戴的是黑帽子！"

为什么呢？

商人的头上是顶红帽子，那么就还剩下一顶红帽子和三顶黑帽子。B 见 A 迟疑着无法立刻说出答案，所以就认定了自己头上是一顶黑帽子。因为如果 B 头上是一顶红帽子，那么 A 就会马上说他头上戴的是黑帽子，怎么会迟疑呢？

B 假定自己头上戴的是红帽子，但是发现对方在迟疑，于是得到了答案。

这个推理就是由结果向前推的逆转思维，这种方法在发明创造方面也发挥着重要的作用。

1877 年 8 月的一天，美国大发明家爱迪生为了调试电话的送话器，在用一根短针检验传话膜的振动情况时，意外地发现了一个奇特的现象：手里的针一接触到传话膜，随着电话所传来的声音的强弱变化，传话膜产生了一种有规律的颤动。这个奇特的现象引起了他的思考，他想：如果倒过来，使针发生同样的颤动，不就可以将声音复原出来，不也就可以把人的声音贮存起来吗？

循着这样的思路，爱迪生着手试验。经过四天四夜的苦战，他完成了留声机的设计。爱迪生将设计好的图纸交给机械师克鲁西后不久，一台结构简单的留声机便制造出来了。爱迪生还拿它去当众做过演示，他一边用手摇动铁柄，一边对着话筒唱道："玛丽有一只小羊，它的绒毛白如霜……"然后，爱迪生停下来，让一个人用耳朵对着受话器，他又把针头放回原来的位置，再摇动手柄，这时，刚才的歌声又在这个人的耳边响了起来。

留声机的发明，使人们惊叹不已。报刊纷纷发表文章，称赞这是继贝尔发明电话之后的又一伟大创造，是19世纪的又一个奇迹。

爱迪生的成功，就在于他有了这样一种互为因果的思路：声音的强弱变化使传话膜产生了一种有规律的颤动，如果倒过来，使针发生同样的颤动，就可以将声音复原出来，因而也就可以把声音贮存起来！

这实际上是一种互为因果的反面求证法。当我们遇到同样情况的时候，就可以尝试从反面来推其因果，说不定也会有创造成果产生。

如果找不到解决办法，那就改变问题

一件事情如果找不到解决的办法怎么办？一般的人也许会告诉你："那只能放弃了。"但善于运用逆转思维的杰出人士却会这样说："找不到办法，那就改变问题！"

19世纪30年代的欧洲大陆，一种方便、价廉的圆珠笔在书记员、银行职员甚至是富商中流行起来。制笔工厂开始大量生产圆珠笔。但不久却发现圆珠笔市场严重萎缩，原因是圆珠笔前端的钢珠在长时间的书写后，因摩擦而变小，继而脱落，导致笔芯内的油泄漏出来，弄得满纸油渍，给书写工作带来了极大的不便。人们开始厌烦圆珠笔，不再用它了。

一些科学家和工厂的设计师为了改变笔筒漏油这种状况，做了大量的实验。他们都从圆珠笔的珠子入手，实验了上千种不同的材料，以求找到寿命最长的"圆珠"，最后找到了钻石这种材料。钻石确实很坚硬，也不会漏油，但是钻石价格太贵，而且油墨用完后，这些空笔芯该怎么办？

为此，解决圆珠笔笔芯漏油的问题一度搁浅。后来，一个叫马塞尔·比希的人却很好地将圆珠笔做了改进，解决了漏油的问题。他的成功得益于一个想法：既然不能延长"圆珠"的寿命，那为什么不主动控制油墨的总量呢？于是，他所做的工作只是在实验中找到一颗"钢珠"在书写中的"最大用油量"，然后每支笔芯所装的"油"都不超过这个"最大用油量"。经过反复的试验，他发现圆珠笔在写到两万个字左右时开始漏油，于是就把油的总量控制在能写一万五六千个字。超出这个范围，笔芯内就没有油，也就不会漏油了，结果解决了这个大难题。这样，方便、价廉又"卫生"的圆珠笔又成了人们最喜爱的书写工具之一。

马塞尔·比希发现解决足够结实又廉价的"圆珠"这个问题比较困难，便将问题转换为控制"最大用油量"，运用逆转思维使原本棘手的问题得到了巧妙的规避，并且不需要耗费多大的精力和财力。

　　某楼房自出租后，房主不断地接到房客的投诉。房客说，电梯上下速度太慢，等待时间太长，要求房主迅速更换电梯，否则他们将搬走。

　　已经装修一新的楼房，如果再更换电梯，成本显然太高；如果不换，万一房子租不出去，更是损失惨重。房主想出了一个好办法。

　　几天后，房主并没有更换电梯，可有关电梯的投诉却再也没有接到过，剩下的空房子也很快租出去了。

　　为什么呢？原来，房主在每一层的电梯间外的墙上都安装了很大的穿衣镜，大家的注意力都集中到自己的仪表上，自然感觉不出电梯的上下速度是快还是慢了。

　　更换电梯显然不是最佳的解决方案，但问题该怎么解决呢？房主也运用逆转思维改变了问题，将视角从"换不换电梯"这一问题转换到了"该如何让房客不再觉得电梯慢"，问题变了，方案也就产生了，转移大家的注意力就可以了。

　　无论你作了多少研究和准备，有时事情就是不能如你所愿。如果尽了一切努力，还是找不到一种有效的解决办法，那就试着改变这个问题。

　　彼得·蒂尔在离开华尔街重返硅谷的时候学到了这一课。

　　当时，互联网正飞速发展，无线行业也即将蓬勃发展，于是，彼得与马克斯·莱夫钦一起创办了一家叫 Field Link 的新公司。

　　这两位创业者相信，无线设备加密技术会是一个成长型市场。但是，他们老早就碰到了问题，最大的障碍是无线运营商的抵制。尽管运营商知道移动设备加密的必要性，但是 Field Link 是一个名不见经传的新企业，没有定价权，也没有讨价还价的砝码，而且有许多公司试图做这一行，所以 Field Link 对运营商的需要超过了运营商对它的需要。

另一个问题是可用性。早期的无线浏览器很难使用，彼得和马克斯在这上面无法找到他们认为顾客需要的那种功能。这些挫折将他们引入了一个新的方向。他们不再试图在他们无法控制的两件事，即困难的无线界面和无线运营商的集权上抗争，转而致力于一个更简单的领域——通过 E-mail（电子邮件）进行支付。

当时，美国有 1.4 亿人有 E-mail，但是只有 200 万人有能联网的无线设备。除了提供更大的潜在市场外，E-mail 方案还消除了与大公司合作的必要性。同样重要的是，E-mail 使他们能够以一种直观而容易的形式呈现他们的支付方案，而用无线设备上的小屏幕无法做到这一点。

他们将公司的名字改成 PayPal，推出了一项基于 E-mail 的支付服务。为了启动这项服务，彼得决定，只要顾客签约使用 PayPal，就给顾客 10 美元的报酬；每推荐一个朋友参加，再给他 10 美元。"当时这样做看起来简直是疯了，但这是拥有顾客的一个便宜法子。"他解释说，"而且我们拥有的这类顾客其实价值更大，因为他们在频繁使用这个系统。这比通过广告宣传得到 100 万随机顾客要好。"

PayPal 迅速取得了成功。刚开始的 6 个月里，有 100 多万人签约使用这项新的支付服务。由于容易使用，界面友好，PayPal 迅速成为 eBay 上的支付系统，急剧发展起来。一年后当他们决定关掉无线业务的时候，有 400 万顾客在使用 PayPal，而只有 1 万顾客在使用其无线产品。尽管 eBay 内部有一个名为 Billpoint 的支付服务，但 PayPal 仍然是在线支付领域无可争议的领袖。PayPal 后来上市了，eBay 最终以 15 亿美元买下了 PayPal。如果彼得和马克斯坚持他们最初的计划，故事的结局就会截然不同了。

为问题寻找到合适的解决办法是通常所用的正向思维思考方式，但是，当难以找到解决途径时，也许最好的解决办法就是将问题改变，改变成我们能够驾驭的、善于解决的，这也是逆转思维的巧妙运用。

人生的倒后推理：实现梦想不再遥远

每个人在儿时都会种下美好梦想的种子，然而有的梦想能够生根、发芽、开花、结果，而有的梦想却真的成了儿时的一个梦，一个永远也实现不了的梦。

为什么会有这样的区别呢？我们抛却成功的其他因素，就会发现，有没有一个合理的计划是决定成败的一个关键因素。

也许有人会说，梦想是遥远的，我又怎能知道自己具体要做什么才能达到目标呢？那么，不妨常常使用逆转思维，将你的目标倒挂，对理想进行倒后推理。

曾经创下空前的震撼与模仿热潮的歌手李恕权，是唯一获得格莱美音乐大奖提名的华裔流行歌手，同时是"Billboard 杂志排行榜"上的第一位亚洲歌手。他在《挑战你的信仰》一书中，详细讲述了自己成功历程中的一个关键情节。

1976 年的冬天，19 岁的李恕权在休斯敦太空总署的实验室里工作，同时在休斯敦大学主修电脑。纵然学习、睡眠与工作几乎占据了他大部分时间，但只要稍微有多余的时间，他总是会把所有的精力都放在音乐创作上。

一位名叫凡内芮的朋友在他事业起步时给了他最大的鼓励。凡内芮在得州的诗词比赛中不知得过多少奖牌。她的写作总是让他爱不释手，他们合写了许多很好的作品。

一个星期六的早上，凡内芮又热情地邀请李恕权到她家的牧场烤肉。凡内芮知道李恕权对音乐的执着。然而，面对那遥远的音乐界及整个美国陌生的唱片市场，他们一点门路都没有。他们两个人坐在牧场的草地上，不知道下一步该如何走。突然间，她冒出了一句话：

"想想你 5 年后在做什么。"

她转过身来说："嘿！告诉我，你心目中'最希望'5 年后的你在做什么，你那个时候的生活是一个什么样子？"他还来不及回答，她又抢着说，"别急，你先仔细想想，完全想好，确定后再说出来。"李恕权沉思了几分钟，告诉她说："第一，5年后，我希望能有一张唱片在市场上，而这张唱片很受欢迎，可以得到许多人的肯定；第二，我住在一个有很多很多音乐人的地方，能天天与一些世界一流的乐师一起工作。"凡内芮说："你确定了吗？"他十分坚定地回答，而且是拉了一个很长的"Yes——"！

凡内芮接着说："好，既然你确定了，我们就从这个目标倒算回来。如果第五年，你有一张唱片在市场上，那么你的第四年一定是要跟一家唱片公司签上合约；那么你的第三年一定是要有一部完整的作品，可以拿给很多很多的唱片公司听，对不对？那么你的第二年，一定要有很棒的作品开始录音了；那么你的第一年，就一定要把你所有要准备录音的作品全部编曲，排练就位准备好；那么你的第六个月，就是要把那些没有完成的作品修饰好，然后让你自己可以逐一筛选；那么你的第一个月就是要有几首曲子完工；那么你的第一个礼拜就是要先列出一整个清单，排出哪些曲子需要完工。"

最后，凡内芮笑着说："好了，我们现在不就已经知道你下个星期一要做什么了吗？"

她补充说："哦，对了。你还说你5年后，要生活在一个有很多音乐人的地方，然后与许多一流的乐师一起工作，对吗？如果你的第五年已经在与这些人一起工作，那么你的第四年照理应该有你自己的一个工作室或录音室；那么你的第三年，可能是先跟这个圈子里的人在一起工作；那么你的第二年，应该不是住在得州，而是已经住在纽约或是洛杉矶了。"

1977 年，李恕权辞掉了太空总署的工作，离开了休斯敦，搬到洛杉矶。说来也奇怪，虽然不是恰好 5 年，但大约可说是第六年的 1982 年，他的唱片在中国台湾及亚洲其他地区开始畅销起来，他一天 24 小时几乎全都忙着与一些顶尖的音乐高手一起工作。他的第一张唱片专辑《回》首次在台湾由宝丽金和滚石联合发行，并且连续两年蝉联排行榜第一名。

这就是一个五年期限的倒后推理过程。实际上还可以延长或缩短时间跨度，但思路是一样的。

当你在为手头的工作而焦头烂额的时候，一定要停下来，静静地问一下自己：5 年后你最希望得到什么？哪些工作能够帮助你达到目标？你现在所做的工作有助于你达到这个目标吗？如果不能，你为什么要做？如果能，你又应该怎样安排？想想为达到这个目标你在第四年、第三年、第二年应做到何种程度？那么，你今年要取得什么成绩？最近半年应该怎样安排？一直推算到这个月、这个星期你应该做什么。当你的目标足够明确，按照倒后推理设置出的计划行事，相信你距离实现梦想已不再遥远。

第二章

你与成功的最短距离，未必是直线

成功的门，用任何方式都能打开

鲁迅曾说："其实世上本没有路，走的人多了，也便成了路。"从另一方面来说，生活中，只会盲从他人，不懂得另辟蹊径者，将很难赢取属于自己的成功和荣耀。

其实，不一定非要拘泥于有没有人走过。人生的道路本来就有千条万条，条条大路都能通向"罗马"，每条路都是我们的选择之一。所以一旦这条路行不通，不要犹豫，立即换一条路，即使这条道上行人稀少、环境恶劣，但这往往就是通向成功之路。行行出状元，在无力接受某一课程时，千万不要强求自己，否则只会越来越糟，耽误时间不说，还误了美好前程。

一位叫王丽的姑娘，长得端庄、秀丽，她表姐是外企职工，收入颇高，工作环境也很好，她对王丽的影响很大。王丽也想进入这个阶层，像表姐一样找到外企的工作，过上优越的生活。无奈她的外语水平太差，单词总是记不住，语法也总是弄不懂。马上要面临高考了，她想报考外语专业，可越着急越学不好。她整天想着白领阶层的生活，不知不觉便沉浸其中。

她将所有时间都押在外语上了，其他科目全部放弃。由于只有一条路，她更担心一旦考不上外语系，那就全完了。整天就想着考上以后的生活，考不上又怎么办，而全无心思专心学习。

人生很多时候是这样的，当你专注于一条路时，往往忽略了其他的选择。而如果你选择的那条路不是自己擅长走的，那么心理上的压力会让你变得更加茫然，更加找不到方向，你可能因此而进入一种选择上的误区。

虽然"白日梦"是青春期常见的心理现象，但整天沉醉于其中的人，往往是那些对现状不满意又无力改变的人。因为"白日梦"可以使人暂时忘记不如意的现实，摆脱某些烦恼，在幻想中满足自己被人尊敬、被人喜爱的需要，在"梦"中，"丑小鸭"变成了"白天鹅"。做美好的梦，对智者来说是一生的动力，他们会由此梦出发，立即行动，全力以赴朝着这个美梦发展，而一步步使梦想成真；但对弱者来说，"白日梦"不啻一个陷阱，他们在此处滑下深渊，无力自拔。

如何走出深渊呢？首先，要有勇气正视不如意的现实，并学会管理自己。这里教给你一个简单而有效的方法，就是给自己制订时间表。先画一张周计划表，把一天至少分为上午、下午和晚上三格，然后把你在这一周中需要做的事统统写下来，再按轻重缓急排列一下，把它们填到表格里。每做完一件事情，就把它从表上画掉。到了周末总结一下，看看哪些计划完成了，哪些计划没有完成。这种时间表对整天不知道怎么过的人有独特的作用，因为当你发现有很多事情等着做，而且，当你做完一件事有一种踏实的感觉时，就比较容易把幻想变为行动了。你用做事挤走了幻想，并在做事中重塑了自己，增强了自信。

关键要有敢于放弃的勇气和决心，梦是美好的，但毕竟是梦。与其在美梦中遐想，不如另辟他途，走出一条适合自己的路，所以该放弃就放弃，千万不要有丝毫的犹豫和留恋，并迅速踏上另一条通向"罗马"的旅途。

逆转思维能力越强，成功的概率就越高

有位老婆婆有两个儿子，大儿子卖伞，小儿子卖扇子。雨天，她担心小儿子的扇子卖不出去；晴天，她担心大儿子的生意难做，终日愁眉不展。

一天，她向一位路过的僧人说起此事，僧人哈哈一笑："老人家，你不如这样想，雨天，大儿子的伞会卖得不错；晴天，小儿子的生意自然很好。"

老婆婆听了，破涕为笑。

悲观与乐观，其实就在一念之间。

世界上什么人最快乐呢？犹太人认为，世界上卖豆子的人应该是最快乐的，因为他们永远也不用担心豆子卖不完。

假如他们的豆子卖不完，可以拿回家磨成豆浆，再拿出来

卖给行人；如果豆浆卖不完，可以制成豆腐，豆腐卖不成，变硬了，就当作豆腐干来卖；而豆腐干卖不出去的话，就把这些豆腐干腌起来，变成腐乳。

还有一种选择是：卖豆人把卖不出去的豆子拿回家，加上水让豆子发芽，几天后就可改卖豆芽；豆芽如果卖不动，就让它长大些，变成豆苗；如果豆苗还是卖不动，再让它长大些，移植到花盆里，当作盆景来卖；如果盆景卖不出去，那么再把它移植到泥土中去，让它生长。几个月后，它结出了许多新豆子。一颗豆子现在变成了上百颗豆子，想想那是多么划算的事！

一颗豆子在遭遇冷落的时候，可以有无数种精彩选择。人更是如此，当你遭受挫折的时候，千万不要丧失信心，稍加变通，再接再厉，就会有美好的前途。

条条大路通罗马，不同的只是沿途的风景，而在每一种风景中，我们都可以发现独一无二的精彩。

有一位失败者非常消沉，他经常唉声叹气，很难调整好自己的心态，因此他始终难以走出自己心灵的阴影。他总是一个人待着，脾气也慢慢变得暴躁起来。他没有跟其他人进行交流，更没有把过去的失败统统忘掉，而是全部锁在心里。但他并没有尝试着去寻找失败的原因，因此，虽然始终把失败揣在心里，却没有真正吸取失败的教训。

后来，失败者终于打算去咨询一下别人，希望能够帮自己摆脱困境。于是，他决定去拜访一位成功者，从他那里学习一些方法和经验。

他和成功者约好在一座大厦的大厅见面，当他来到那个地方时，眼前是一扇漂亮的旋转门。他轻轻一推，门就旋转起来，慢慢将他送进去。刚站稳脚步，他就看到成功者已经在那里等候自己了。

"见到你很高兴，今天我来这里主要是向你学习成功的经验。你能告诉我成功有什么窍门吗？"失败者虔诚地问。

成功者突然笑了起来，用手指着他身后的门说："也没有什么窍门，其实你可以在这里寻找答案，那就是你身后的这扇门。"

失败者回过头去看，只见刚才带他进来的那扇门正慢慢地旋转着，把外面的人带进来，把里面的人送出去。两边的人都顺着同一个方向进进出出，谁也不影响谁。

"就是这样一扇门，可以把旧的东西放出去，把新的东西迎进来。我相信你也可以做到，而且你会做得更好！"成功者鼓励他说。

失败者听了他的话，也笑了起来。

失败者与成功者的最大区别是心态的不同。失败者的心态是消极的，结果终日沉湎于失败的往事，被痛苦的阴影笼罩，无法解脱；而成功者的心态是开放的、积极的，能从一扇门领悟到成功的哲理，从而取得更多的成就。

心随境转，必然为境所累；境随心转，红尘闹市中也有安静的书桌。人生像是一张白纸，色彩由每个人自己选择；人生又像是一杯白开水，放入茶叶则苦，放入蜂蜜则甜，一切都在自己的掌握中。

上山的是好汉，下山的也是英雄

人们习惯于对爬上高山之巅的人顶礼膜拜，把高山之巅的人看作偶像、英雄，却很少将目光投放在下山的人身上。这是人之常理，但是实际上，能够及时主动地从光环中隐退的下山者也是"英雄"。

有很多人把"隐退"当成"失败"。有过非常多的例子显示，对于那些惯于享受欢呼与掌声的人而言，一旦从高空中掉落下来，就像是艺人失掉了舞台，将军失掉了战场，往往因为一时难以适应，而陷入绝望的谷底。

心理专家分析，一个人若是能在适当的时间选择做短暂的隐退（不论是自愿还是被迫），都是一个很好的转机，因为它能让你留出时间观察和思考，使你在独处的时候找到自己内在真正的世界。

唯有离开自己当主角的舞台，才能防止自我膨胀。虽然失去掌声令人惋惜，但换一种思维方式看问题，心理专家认为，"隐退"就是进行深层学习。一方面挖掘自己的阴影，另一方面重新上发条，平衡日后的生活。当你志得意满的时候，是很难想象没有掌声的日子的。但如果你要一辈子获得持久的掌声，就要懂得享受"隐退"。

作家班塞说过一段令人印象深刻的话："在其位的时候，总觉得什么都不能舍，一旦真的舍了之后，又发现好像什么都可以舍。"做过杂志主编、翻译出版过许多知名畅销书的班塞，在他事业巅峰的时候退了下来，选择当个自由人，重新思考人生的出路。

40岁那年，欧文从人事经理被提升为总经理。3年后，他自动"开除"自己，舍弃堂堂"总经理"的头衔，改任没有实权的顾问。

正值人生最巅峰的阶段，欧文却奋勇地从急流中跳出，他的说法是："我不是退休，而是转进。"

"总经理"三个字对多数人而言，代表着财富、地位，是事业、身份的象征。然而，短短三年的总经理生涯，令欧文感触颇深的，却是诸多的"无可奈何"与"不得而为"。

他全面地打量自己，他的工作确实让他过得很光鲜，周围想巴结自己的人更是不在少数，然而，除了每天疲于奔命，穷于应付之外，他其实活得并不开心。"人要回到原点，才能更轻松自在。"他说。这个想法，促使他决定辞职。

辞职以后，司机、车子一并还给公司，应酬也减到最低。不当总经理的欧文，感觉时间突然多了起来，他把大半的精力拿来写作，抒写自己在广告领域多年的观察与心得。

"我很想试试看，人生是不是还有别的路可走。"他笃定地说。

事实上，欧文在写作上很有天分，而且多年的职场经历使他积累了大量的素材。现在欧文已经是某知名杂志的专栏作家，他还完成了两本管理学著作，欧文迎来了他的第二个人生辉煌。

事实上，"隐退"很可能只是转移阵地，或者是为了下一场战役储备新的能量。但是，很多人认不清这点，反而一直缅怀着过去的光荣，他们始终难以忘情"我曾经如何如何"，不甘于从此做个默默无闻的小人物。走下山来，你同样可以创造辉煌，同样是个大英雄！

不做无谓的坚持，要学会转弯

生活中，很多再平常不过的事情里其实都蕴含着禅理，只是疲于奔波的众生早已丧失了于细微处探究竟的兴趣和能力。佛家所言，其实今天的我们已经不再是昨天的我们，为了在今天取得进步、重建自我就必须放下昨天的自己；为了迎接新兴的，就必须放下旧有的。想要喝到芳香醇郁的美酒就得放下手中的咖啡，想要领略大自然的秀美风光就要离开喧嚣热闹的都市，想要获得如阳光般明媚开朗的心情就要驱散昨日烦恼留下的阴霾。

放下是为了包容与进步，放下对个人意见的执着才能包容，放下对旧念的执着才会进步。表面看来，放下似乎意味着失去，意味着后退，其实在很多情况下，退步也是一种前进，是一种低调的积蓄。

一位学僧斋饭之余无事可做，便在禅院里的石桌上作起画来。画中龙争虎斗，好不威风，只见龙在云端盘旋将下，虎踞山头作势欲扑。但学僧描来抹去几番修改，却仍是气势有余而动感不足。正好无德禅师从外面回来，见到学僧执笔前思后想，最后还是举棋不定，几个弟子围在旁边指指点点，于是就走上前去观看。学僧看到无德禅师前来，于是就请禅师点评。无德禅师看后说道："龙和虎外形不错，但其秉性表现不足。要知道，龙在攻击之前，头必向后退缩；虎要上前扑时，头必向下压低。龙头向后曲度越大，就能冲得越快；虎头离地面越近，就能跳得越高。"学僧听后非常佩服禅师的见解，于是说道："老师真是慧眼独具，我把龙头画得太靠前，虎头也抬得太高，怪不得总觉得动态不足。"无德禅师借机说："为人处世，亦如同参禅。退却一步，才能冲得更远；谦卑反省，才会爬得更高。"另一位学僧有些不解，问道："老师！退步的人怎么可能向前？谦卑的人怎么可能爬得更高？"无德禅师严肃地对他说："你们且听我的诗偈：'手把青秧插满田，低头便见水中天。身心清净方为道，退步原来是向前。'你们听懂了吗？"学僧们听后，纷纷点头，似有所悟。

无德禅师此刻在弟子们心中插满了青秧，不知弟子们看见了秧田的水中天否？进是前，退亦是前，何处不是前？无德禅师以插秧为喻，向弟子们揭示了进退之间并没有本质的区别。做人应该像水一样，能屈能伸，既能在万丈崖壁上挥毫泼墨，好似银河落九天，又能在幽静山林中蜿蜒流淌，自在清泉石上流。

　　佛陀在世时，受到世人敬仰与称赞。有一个人对此颇为不服，终日咒骂，有一天，这个人索性跑到了佛陀面前，当着他的面破口大骂。但是，无论他的言语多么不堪入耳，佛陀始终沉默相对，甚至面带微笑。终于，这个人骂累了。他既暴躁又不解，不知道佛陀为何不开口说话。佛陀似乎看到了他心中的困惑，对他说："假如有人想送给你一件礼物，而你不喜欢，也并不想接受，那么这件礼物现在属于谁呢？"这个人不明白佛陀的意思，略一思量，回答道："当然还是属于送礼物的这个人的了。"佛陀笑着点头，继续问他："刚才你一直在用恶毒的语言咒骂我，假如我不接受你的这些赠言，那么，这些话属于谁呢？"他一时语塞，方才醒悟到自己的错误，于是低下头，诚恳地向佛陀道歉，并为自己的无礼而忏悔。

　　"退一步海阔天空"并非一句空话，佛陀并未因为他人对自己的无礼而气愤，反而沉默相对，似乎在步步后退，当这个人心生困惑时甚至耐心地予以开释。他人步步进逼，而佛陀却始终淡然处之。有退有进，以退为进，绕指柔化百炼钢，也是人生的大境界。

有一种智慧叫"弯曲"

人生之旅，坎坷颇多，难免直面矮檐，遭遇逼仄。

弯曲，是一种人生智慧。在生命不堪重负之时，适时地低一下头，弯一下腰，抖落多余的负担，才能够走出屋檐而步入华堂，避开逼仄而迈向辽阔。

孟买佛学院是印度著名的佛学院之一，这所佛学院历史悠久，培养了许多著名的学者。它有一个特点是其他佛学院所没有的，这是一个极其微小的细节。但是，所有进入这里的学员，当他们再出来的时候，无一例外地承认，正是这个细节使他们顿悟，也正是这个细节让他们受益无穷。

这是一个被很多人忽视的细节：孟买佛学院在它正门的一侧，又开了一个小门，这个门非常小，一个成年人要想过去必须弯腰侧身，否则就会碰壁。

其实，这就是孟买佛学院给学生们上的第一堂课。所有新来的人，老师都会引导他到这个小门旁，让他进出一次。很显然，所有的人都是弯腰侧身进出的，尽管有失礼仪和风度，却达到了目的。老师说，大门虽然能够让一个人很体面、很有风度地出入，但很多时候，人们要出入的地方，并不是都有方便的大门，或者，即使有大门也不是可以随便出入的。这时，只有学会了弯腰和侧身的人，只有暂时放下面子和虚荣的人，才能够出入。否则，你就只能被挡在院墙之外。

孟买佛学院的老师告诉他们的学生，佛家的哲学就在这个小门里。

其实，人生的哲学何尝不在这个小门里。人生之路，尤其是通向成功的路上，几乎是没有宽阔的大门的，所有的门都需要弯腰侧身才可以进去。因此，我们要学会弯曲，弯下自己的腰，才可得到生活的通行证。

人生之路不可能一帆风顺，难免会有风起浪涌的时候，如果迎面与之搏击，就可能会船毁人亡，此时何不退一步，先给自己一个海阔天空，然后再图伸展。

妙善禅师是世人景仰的一位高僧，被称为"金山活佛"。他于1935年在缅甸圆寂，其行迹神异，又慈悲喜舍，所以，直至现在，社会上还流传着他难行能行、难忍能忍的奇事。

妙善禅师所在的金山寺旁有一条小街，街上住着一个贫穷的老婆婆，与独生子相依为命。偏偏这儿子忤逆凶横，经常喝骂母亲。妙善禅师知道这件事后，常去安慰这老婆婆，逆子非常讨厌禅师来家里，有一天起了恶念，悄悄拿着粪桶躲在门外，等妙善禅师走出来，便将粪桶向禅师兜头一盖，刹那间腥臭污秽淋了禅师一身，引来了一大群人看热闹。

妙善禅师却不气不怒，一直顶着粪桶跑到金山寺前的河边，才缓缓地把粪桶取下来，旁观的人看到他的狼狈相，更是哄然大笑，妙善禅师毫不在意地说道："这有什么好笑的？人本来就是众秽所集的大粪桶，大粪桶上面加个小粪桶，有什么值得大惊小怪的呢？"

有人问他："禅师，你不觉得难过吗？"

妙善禅师说道："我一点儿也不难过，老婆婆的儿子以慈悲待我，给我醍醐灌顶，我正觉得自在哩！"

后来，老婆婆的儿子为禅师的宽容所感动，改过自新，向禅师忏悔谢罪，禅师高兴地开释了他。受了禅师的感化，逆子从此痛改前非，以孝闻名乡里。

妙善禅师将身体看作大的粪桶，加个小的粪桶，也不稀奇。这种认识正是他高尚的人格和道德慈悲的表现，而正是他弯下了腰，忍住了屈辱，才感化了忤逆的年轻人。

为人处世，参透屈伸之道，自能进退得宜，刚柔并济，无往不利。能屈能伸，屈是能量的积聚，伸是积聚后的释放；屈是伸的准备和积蓄，伸是屈的志向和目的；屈是手段，伸是目的；屈是充实自己，伸是展示自己；屈是柔，伸是刚；屈是一种气度，伸更是一种魄力。伸后能屈，需要大智；屈后能伸，需要大勇。屈有多种，并非都是胯下之辱；伸亦多样，并不一定叱咤风云。屈中有伸，伸时念屈；屈伸有度，刚柔并济。

人生有起有伏，当能屈能伸。起，就起他个直上云霄，伏，就伏他个如龙在渊；屈，就屈他个不露痕迹，伸，就伸他个清澈见底。这是多么奇妙、痛快、潇洒的境界啊！

改变世界，从改变自己开始

在威斯敏斯特教堂地下室里，英国圣公会主教的墓碑上刻着这样几段话：

当我年轻自由的时候，我的想象力没有任何局限，我梦想改变这个世界。

当我渐渐成熟明智的时候，我发现这个世界是不可能改变的，于是我将眼光放得短浅了一些，那就只改变我的国家吧！

但我的国家似乎也是我无法改变的。

当我到了迟暮之年，抱着最后一丝希望，我决定只改变我的家庭、我亲近的人——但是，唉！他们根本不接受改变。

现在临终之际，我才突然意识到：如果起初我只改变自己，接着我就可以依次改变我的家人。然后，在他们的激发和鼓励下，我也许就能改变我的国家。再接下来，谁又知道呢，也许我连整个世界都可以改变。

这个碑文令人深思。

大文豪托尔斯泰也说过："全世界的人都想改变别人，就是没人想改变自己。"别说命运对你不公平，其实上帝给了每个人美好的将来，只是看你有没有把握住自己的人生。有的人用习惯的力量让自己抓住了命运的手。有的人虽然最初与命运擦肩而过，但是他们改变了自己，又让命运转回了微笑的脸。

原一平，美国百万圆桌会议终身会员，荣获日本天皇颁发的"四等旭日小绶勋章"，被誉为日本的推销之神。但其实他小的时候是以脾气暴躁、调皮捣蛋、叛逆顽劣而恶名昭彰的，被乡里人称为不可救药的"小太保"。

在原一平年轻时，有一天，他来到东京附近的一座寺庙推销保险。他口若悬河地向一位老和尚介绍投保的好处。老和尚一言不发，很有耐心地听他把话讲完，然后以平静的语气说："你的介绍，丝毫引不起我的投保兴趣。年轻人，先努力去改造自己吧！""改造自己？"原一平大吃一惊。"是的，你可以去诚恳地请教你的投保户，请他们帮助你改造自己。我看你有慧根，倘若按照我的话去做，他日必有所成。"

从寺庙里出来，原一平一路思索着老和尚的话，若有所悟。接下来，他组织了专门针对自己的"批评会"，请同事或客户吃饭，目的是让他们指出自己的缺点。

原一平把种种可贵的逆耳忠言一一记录下来。通过一次次的"批评会"，他把自己身上那一层又一层的劣根一点点地剥掉。

与此同时，他总结出了含义不同的 39 种笑容，并一一列出各种笑容表达的心情与意义，然后再对着镜子反复练习。

他像一条成长的蚕，在悄悄地蜕变着。

最终，他成功了，并被日本国民誉为"练出价值百万美元笑容的小个子"；美国著名作家奥格·曼狄诺称之为"世界上最伟大的推销员"。

"我们这一代最伟大的发现是，人类可以由改变自己而改变命运。"原一平用自己的行动印证了这句话，有些时候，迫切需要改变的或许不是环境，而是我们自己。

也许你不能改变别人，改变世界，但你可以改变自己。幸福、成功的第一步，需从改变自己开始。

人生处处有死角，要懂得转弯

任何事物的发展都不是一条直线，聪明人能看到直中之曲和曲中之直，并不失时机地把握事物迂回发展的规律，通过迂回应变，达到既定的目标。

清王朝迁都北京以后，摄政王多尔衮便着手进行武力统一全国的战略部署。当时的军事形势是：农民军李自成部和张献忠部共有兵力40余万；刚建立起来的南明弘光政权，会集江淮以南各镇兵力，也不下50万人，并雄踞长江天险；而清军不过20万人。如果在辽阔的中原腹地同诸多对手作战，清军兵力明显不足。况且迁都之初，人心不稳，弄不好会造成顾此失彼的局面。

多尔衮审时度势，机智灵活地采取了以迂为直的策略，先怀柔南明政权，集中力量攻打农民军。南明当局果然放松了对清的警惕，不但不再抵抗清兵，反而派使臣携带大量金银财物，到北京与清廷谈判，向清求和。这样一来，多尔衮在政治上和军事上都取得了主动地位。1644年7月，多尔衮对农民军的进攻取得了很大进展，后方亦趋稳固。此时，多尔衮认为消灭南明的时机已经到来，于是，发起了对南明的进攻。当清军在南方的高压政策和暴行受阻时，多尔衮又施行以迂为直之术，派明朝降将、汉人大学士洪承畴招抚江南。1648年，多尔衮以他的谋略和气魄，基本上完成了清朝在全国的统一。

迂回的策略，十分讲究迂回的手段。特别是在与强劲的对手交锋时，迂回的手段高明、精到与否，往往是能否在较短的时间内由被动转为主动的关键。

美国当代著名企业家李·艾柯卡在担任克莱斯勒汽车公司总裁时，为了争取到10亿美元的国家贷款来解公司之困，他在正面进攻的同时，采用了迂回包抄的办法。一方面，他向政府提出了一个现实的问题，即如果克莱斯勒公司破产，将有60万左右的人失业，第一年政府就要为这些人支出27亿美元的失业保险金和社会福利开销，政府到底是愿意支出这27亿美元呢，还是愿意借出10亿美元极有可能收回的贷款？另一方面，对那些可能投反对票的国会议员，艾柯卡吩咐手下为每个议员开列一份清单，单上列出该议员所在选区所有同克莱斯勒有经济往来的代销商、供应商的名字，并附有一份万一克莱斯勒公司倒闭，将在其选区产生的经济后果的分析报告，以此暗示议员们，若他们投反对票，因克莱斯勒公司倒闭而失业的选民将怨恨他们，由此也将危及他们的议员席位。

这一招果然很灵，一些原先激烈反对向克莱斯勒公司贷款的议员不再说话了。最后，国会通过了由政府支持克莱斯勒公司15亿美元的提案，比原来要求的多了5亿美元。

俗话说："变则通，通则久！"所以，遇到一些暂时没有办法解决的问题时，我们应该学着变通，不能死钻牛角尖，此路不通就换条路。有更好的机会就赶快抓住，不能一条路走到黑，生活不是一成不变的，有时候我们转过身，就会突然发现，原来我们的身后也藏着机遇，只是当时的我们赶路太急，把那些美好的事物给忽略掉了。

方法错了，越坚持走得越慢

"愚公移山"的故事，老少皆知。我们钦佩愚公的干劲、执着，但也有人抱质疑态度：若愚公搬一次家，又何至于让子子孙孙都辛苦一生？

工作中，许多人常咬紧"青山"不放松，永不言放弃，却只能头破血流、两败俱伤。变一回视线，换一次角度，找一下方法，将会"柳暗花明又一村"。

小马到一家公司去推销商品。他恭敬地请秘书把名片交给董事长，正如所料，董事长还是把名片丢了回去。

"怎么又来了！"董事长有些不耐烦。无奈之下，秘书只得把名片退还给立在门外受尽冷落的小马，但他毫不在意地再把名片递给秘书。

"没关系，我下次再来拜访，所以还是请董事长留下名片。"

拗不过小马的坚持，秘书硬着头皮，再进办公室，董事长火了，将名片撕成两半，丢给秘书。秘书不知所措地愣在当场，董事长更生气了，从口袋里拿出10块钱说道："10块钱买他一张名片，够了吧！"

哪知当秘书递给业务员名片与钞票后，小马很开心地高声说："请你跟董事长说，10块钱可以买两张我的名片，我还欠他一张。"随即他再掏出一张名片交给秘书。突然，办公室里传来一阵大笑，董事长走了出来说道："这样的业务员不跟他谈生意，我还找谁谈？"说着把小马请进了办公室。

大多数情况下，正确的方法比坚持的态度更有效、更重要。

坚持固然是一种良好的品性，但在有些事情上过度地坚持，反而会导致更大的浪费。因此，做一件事情时，在没有把握和科学根据的前提下，应该见好就收，知难而退。

有两个朋友分别住在沙漠的南北两端，由于干旱，饮水成了生存最主要的问题。还好，在沙漠的中心有一眼泉水。为了能喝到水，他们每天都要到沙漠中心去挑水，非常辛苦。

两个人每天都在约定的时间到泉水处，先是聊聊天，然后分别挑起水回家，这样一直坚持了五年。

忽然有一天，南边的人在泉水处没有见到北边的人，他心想："他大概睡过头了。"可是第二天，他还是没有见到北边的那个人来挑水。过了一个星期，北边的人始终没有来，南边的人着急了，以为他出了什么意外，于是就收拾行装去北边看望他的朋友。

等他到达北边的时候，远远地看见他朋友家的烟囱上冒出浓烟，还闻到了菜香味儿。"这哪里像一个星期没有水的样子？"他心想。

"我都一个星期没见到你挑水了，难道你不用喝水吗？"南边的人问。

"我当然不会一个星期不喝水！"北边的人把南边的人带到他家的后院，指着一口井说，"5年来，我每天都抽空挖这口井。我们现在都还年轻，还有力气每天走很远的路去挑水，等我们老了的时候怎么办，你想过没有？一个星期前，我的井里开始有了水，这口井足足用了我5年的时间才挖成。虽然很辛苦，但是以后我就不用走那么远的路去挑水了！"

每天都坚持辛苦挑水并非最佳的路子，找到水源才是根本。

在形形色色的问题面前，在人生的每一次关键时刻，聪明的企业员工会灵活地运用智慧，作出正确的判断，选择属于自己的正确方向。同时，他会随时检视自己选择的角度是否产生偏差，适时地进行调整，而不是以坚持到底为圭臬，只凭一套哲学，便欲闯过职场中所有的关卡。要时时留意自己执着的意念是否与成功的法则相抵触，追求成功，并非意味着我们必须全盘放弃自己的执着，去迁就成功法则。只需在意念、方法上作灵活的修正，我们将离成功越来越近。

换个角度，世界就会不一样

在现实生活中，情绪失控有很多原因，其中最常见的就是认为生活不如意，大事小事都与自己理想中的景象相去甚远。其实这种情况下，你大可不必钻牛角尖，不妨换个角度来看问题，或许你就会有意料不到的收获，你的生活也就会充满希望与喜悦。

有这样一个故事。

在波涛汹涌的大海中，有一艘船在波浪中颠簸。一位年轻的水手顺着桅杆爬向高处去调整风帆的方向，他向上爬时犯了一个错误——低头向下看了一眼。风急浪高顿时使他恐惧起来，腿开始发抖，身体失去了平衡。这时，一位老水手在下面喊："向上看，孩子，向上看！"这个年轻的水手按他说的去做，重新获得了平衡，终于将风帆调整好。船驶向了预定的航线，躲过了一场灾难。

换个角度看问题，视野要开阔得多，即使是处在同一个位置。我们未尝不可从多个角度去分析事物、看待事物。换个角度，其实也是一种控制情绪的好方法。

如果我们能从另一个角度看人，说不定很多缺点恰恰是优点。一个固执的人，你可以把他看成一个"信念坚定的人"；一个吝啬的人，你可以把他看成一个"节俭的人"。

我们常常听到有人抱怨自己容貌不是国色天香，抱怨今天天气糟糕透了，抱怨自己总不能事事顺心……乍一听，还真认为上天对他太不公了，但仔细一想，为什么不换个角度看问题呢？容貌天生不能改变，但你为什么不想一想展现笑容，说不定会美丽一点儿；天气不能改变，但你能改变心情；你不能样样顺利，但可以事事尽心，你这样一想是不是心情好很多？

所以，我们不妨学得淡泊一点儿。不要总想着我付出了那么多，我将会得到多少这类问题。一个人身心疲惫，情绪波动，就是因为凡事斤斤计较，总是计算利害得失。如果有一个平和的心态，换个角度，把人生的是非和荣辱看得淡一些，你就能很好地控制自己的情绪了。

绕个圈子，避开钉子

在生活中，我们难免会因为一些竞争而与对手针锋相对。矛盾也许不可避免，但是我们真的没有必要非要跟别人斗个你死我活。如果真的躲不过去，也不要跟对手硬拼。要懂得利用智慧和技巧，在方法上取胜。

聪明的人总是懂得在危险中保护自己，而愚蠢的人总是喜欢依靠蛮力，哪怕耗费自己全部的精力也要与对手拼出个高下，弄得自己没有回旋的余地。

一位搏击高手参加锦标赛，自以为稳操胜券，一定可以夺得冠军。

出乎意料，在最后的决赛中，他遇到了一个实力相当的对手，双方竭尽全力出招攻击。打到了中途，搏击高手意识到，自己竟然找不到对方招式中的破绽，而对方的攻击却往往能够突破自己防守中的漏洞，有选择地打中自己。

比赛的结果可想而知，这个搏击高手惨败在对方手下，当然也就无法得到冠军的奖杯。他愤愤不平地找到自己的师父，一招一式地将对方和他搏击的过程再次演练给师父看，并请求师父帮他找出对方招式中的破绽。他决心根据这些破绽，苦练出足以攻克对方的新招，希望在下次比赛时，打倒对方，夺取冠军。

师父笑而不语，在地上画了一道线，要他在不能擦掉这道线的情况下，设法让这条线变短。

搏击高手百思不得其解，怎么会有像师父所说的办法，能使地上的线变短呢？最后，他无可奈何地放弃了思考，向师父请教。

师父在原先那道线的旁边，又画了一道更长的线。两者相比较，原先的那道线，看起来变短了许多。

师父开口道："夺得冠军的关键，不仅仅在于如何攻击对方的弱点，正如地上的长短线一样，如果你不能在要求的情况下使这条线变短，你就要懂得放弃从这条线上做文章，寻找另一条更长的线。那就是只要你自己变得更强，对方就如原先的那道线一样，也就在相比之下变得较短了。如何使自己更强，才是你需要苦练的根本。"

搏击高手恍然大悟。

师父笑道："搏击要用脑，要学会选择，攻击其弱点。同时要懂得放弃，不跟对方硬拼，以自己之强攻其弱，你才能夺取冠军。"

在获得成功的过程中，在夺取冠军的道路上，有无数的坎坷与障碍，需要我们去跨越、去征服。

人们通常走的路有两条。一条路是学会选择攻击对手的薄弱环节。正如故事中的那位搏击高手，可找出对方的破绽，给予其致命的一击，用最直接、最锐利的技术或技巧，快速地解决问题。

另一条路是懂得放弃，不跟对方硬拼，全面增强自身实力，在人格上、知识上、智慧上和实力上使自己加倍地成长，变得更加成熟、更加强大，以己之强攻敌之弱，使许多问题迎刃而解。

不跟对手硬拼，是一种包容，也是一种智慧。绕开圈子，才能避开钉子。适当地给对手留有余地，也许可以将对方感化，从而化僵持为友好，将敌人变成朋友。适当地给自己留有余地，你才有机会东山再起，才能把握好更多的机遇。

懂得变通，不通亦通

行走中的人，既要能够看到远处的山水，也要能够看清自己脚下的路。"不计较一时得失，基于全景考虑而决定的变通"，往往是抵达目的地的一条捷径。变通，既是为了通过，更是为了向前。

生命的长途中既有平坦的大道也有崎岖的小路，聪明的人既向往大道的四通八达，也憧憬小路上的美丽风景；生命的轮回中四季交替，既有姹紫嫣红、草长莺飞的明媚春光，也有银装素裹、万木凋零的凛冽冬日，万物生灵随着季节的轮转调整着自己的生存方式。

在生命的春天中，我们尽可能充分享受和煦的春风、温暖的阳光，而遭遇寒冬之时，要及时调整步速，不急不躁地把握住生命的脉搏。

人的一生，总要经风历雨，横冲直撞，一味地拼杀是莽士；运筹帷幄，懂得变通才是智者。

从前，有一个穷人，他有一个非常漂亮的女儿。穷人生活拮据，妻子又体弱多病，不得已向富人借了很多钱。年关将至，穷人实在还不上富人的钱，便来到富人家中请求他宽限一段时间。

富人不相信穷人家中困窘到了他所描述的地步，便要求到穷人家中看一看。

来到穷人家后，富人看到了穷人美丽的女儿，坏主意立刻就冒了出来。他对穷人说："我看你家中实在很困难，我也并非有意难为你。这样吧，我把两个石子放进一个黑罐子里，一黑一白，如果你摸到白色的，就不用还钱了，但是如果你摸到黑色的，就得把女儿嫁给我抵债！"

穷人迫不得已只能答应。

富人把石子放进罐子里时，穷人的女儿恰好从他身边经过，只见富人把两个黑色石子放进了罐子里。穷人的女儿刹那间便明白了富人的险恶用心，但又苦于不能立刻当面拆穿他的把戏。她灵机一动，想出了一个好办法，悄悄地告诉了自己的父亲。

于是，当穷人摸到石子并从罐子里拿出时，他的手"不小心"抖了一下，富人还没来得及看清颜色，石子便已经掉在了地上，与地上的一堆石子混杂在一起，难以辨认。

富人说："我重新把两颗石子放进去，你再来摸一次吧！"

穷人的女儿在一旁说道："不用再来一次了吧！只要看看罐子里剩下的那颗石子的颜色，不就知道我父亲刚刚摸到的石子是黑色还是白色的了吗？"说着，她把手伸进罐子里，摸出了剩下的那颗黑色石子，感叹道，"看来我父亲刚才摸到的是白色的石子啊！"

富人顿时哑口无言。

"重来一次"意味着穷人要把女儿嫁给富人抵债，而穷人的女儿则通过思维的转换成功地扭转了双方所处的形势。所以很多时候与其硬来，不如作出变通更有效果。当客观环境无法改变时，改变自己的观念，学会变通，才能在绝境中走出一条通往成功的路。

生活中许多事情往往都要转弯，路要转弯，事要转弯，命运有时也要转弯。转弯是一种变化与变通，转弯是调整状态，也是一种心灵的感悟。生命就像一条河流，不断回转蜿蜒，才能跨越崇山峻岭，汇集百川，成为巨流。生命的真谛是实现，而不是追求；是面对现实环境，懂得转弯迂回和成长，而不是直撞或逃避。

高山不语，自有巍峨；流水不止，自成灵动。沉稳大气、卓然挺拔，是山的特性；遇石则分，遇瀑则合，是水的个性。水可穿石，山能阻水，山有山的精彩，水有水的美丽，而山环水水绕山，更是人间曼妙风景。

第三章

一切阻碍都是线索，所有陷阱都是路径

换个角度，困境本身就是出路

在美国西部的一个农场，有一个伐木工人叫刘易斯。一天，他独自一人开车到很远的地方去伐木。一棵被他用电锯锯断的大树倒下时，被对面的大树弹了回来，他躲闪不及，右腿被沉重的树干死死压住，顿时血流不止，疼痛难忍。面对自己从未遇到过的失败和灾难，他的第一个反应就是："我该怎么办？"

他看到了这样一个严酷的现实：周围几十里没有村庄和居民，10 小时以内不会有人来救他，他会因为流血过多而死亡。他不能等待，他必须自己救自己。他用尽全身力气抽腿，可怎么也抽不出来。他摸到身边的斧子，开始砍树，但因为用力过猛，才砍了三四下，斧柄就断了。他觉得没有希望了，不禁叹了一口气，但他克制住了痛苦和失望。他向四周望了望，发现在不远的地方，放着他的电锯。他用断了的斧柄把电锯弄到手，想用电锯将压着他的腿的树干锯掉。可是，他很快发现树干是斜着的，如果锯树，树干就会把锯条死死卡住，根本拉动不了。看来，死亡是不可避免的了。

正当他几乎绝望的时候，他忽然想到了另一条路，那就是不锯树而把自己被压住的大腿锯掉。这是唯一可以保住性命的办法！他当机立断，毅然决然地拿起电锯锯断了被压着的大腿。他终于用常人难以想象的决心和勇气，成功地拯救了自己！

人生总免不了要遭遇这样或者那样的挫折，确切地说，我们几乎每天都在经受和体验各种挫折。有时候，我们甚至会在毫不经意和不知不觉间与挫折不期而遇。面对挫折，我们又往往会采取习惯的对待挫折的措施和办法——或以紧急救火的方式扑救挫折，或以被动补漏的办法延缓挫折，或以收拾残局的方法打扫挫折，或以引以为戒的思维总结挫折……虽然这些都是遭遇挫折之后十分需要甚至必不可少的，但毕竟是在眼睁睁地看着挫折发生而又无法补救的情况下采取的无奈之举。任凭困境无限扩大而无力改变，实在是更大的失败和遗憾。

面临坎坷与困境时，我们不妨换一个角度去思考，也许就能走出所谓的失败，走向成功，所以说问题的关键不是有多艰难，而是我们看待失败的角度与心态。

古时候有一位国王，梦见山倒了、水枯了、花谢了，便叫王后给他解梦。王后说："大事不好。山倒了指江山要倒；水枯了指民众离心，君是舟，民是水，水枯了，舟也不能行了；花谢了指好景不长。"国王听后惊出一身冷汗，从此患病，且越来越重。

一位大臣来参见国王，国王在病榻上说出了他的心事，哪知大臣一听，大笑说："太好了，山倒了指从此天下太平；水枯了指真龙现身，国王你是真龙天子；花谢了，花谢见果呀！"国王听后全身轻松，病也好了。

所以，当我们面临困境时，如果能够静下心来，坦然面对，那么当我们从另一个出口走出去时，就有可能看到另一番天地。在我们的生活与工作中，遇到困难或是难以跨越的"坎"时，不妨尝试一下换一种思考方式和解决办法，也许很快就能解决问题。人生的出口其实就是自己的人生蜕变，是自己理性而坦然地面对问题的勇气和决心，是洒脱后的平静。

变通，走出人生困境的锦囊妙计

变通是一种智慧，在善于变通的世界里，不存在困难这样的字眼。再顽固的荆棘，也会被他们用变通的方法铲除。他们相信，凡事必有方法去解决，而且能够解决得很完善。

一位姓刘的老总深有感触地讲述了自己的故事。

十多年前，他在一家电气公司当业务员。当时公司最大的问题是如何讨账。产品不错，销路也不错，但产品销出去后，总是无法及时收到货款。

有一位客户，买了公司 20 万元的产品，但总是以各种理由迟迟不肯付款，公司派了三批人去讨账，都没能拿到货款。当时他刚到公司上班不久，就和另外一位姓张的员工一起，被派去讨账。他们软磨硬泡，想尽了办法。最后，客户终于同意给钱，叫他们过两天来拿。

两天后他们赶去，对方给了一张 20 万元的现金支票。

他们高高兴兴地拿着支票到银行取钱，结果却被告知，账上只有 199900 元。很明显，对方又耍了个花招，他们给的是一张无法兑现的支票。第二天就要放春节假了，如果不及时拿到钱，不知又要拖延多久。

遇到这种情况，一般人可能就一筹莫展了。但是他突然灵机一动，拿出 100 元，让同去的小张存到客户公司的账户里去。这样一来，账户里就有了 20 万元。他立即将支票兑了现。

当他带着这 20 万元回到公司时，董事长对他大加赞赏。之后，他在公司不断发展，5 年之后当上了公司的副总经理，后来又当上了总经理。

显然，刘总为我们讲了一个精彩的故事。因为他的智慧，一个看似难以解决的问题迎刃而解了；因为他的变通，他获得了不凡的业绩，并得到公司的重用。可以说，变通就是一种智慧。

学会变通，懂得思考，才会有"柳暗花明又一村"的惊喜。事实也一再证明，看似极其困难的事情，只要用心去寻找变通的方法，必定会有所突破。

委内瑞拉人拉菲尔·杜德拉也是凭借这种不断变通而发迹的。在不到 20 年的时间里，他就有了 10 亿美元的财富。

20 世纪 60 年代中期，杜德拉在委内瑞拉的首都拥有一家很小的玻璃制造公司。可是，他并不满足于干这个行当，他学过石油工程，认为石油是个能赚大钱且更能施展自己才干的行业，他一心想跻身于石油界。

有一天，他从朋友那里得到一则信息，说是阿根廷打算从国际市场上采购价值2000万美元的丁烷气。得此信息，他充满了希望，认为跻身于石油界的良机已到，于是立即前往阿根廷，想争取到这笔合同。

去后，他才知道早已有英国石油公司和壳牌石油公司两个老牌大企业在频繁活动了。这是两家实力强大的竞争对手，更何况自己对经营石油业并不熟悉，资本又并不雄厚，要成交这笔生意难度很大。但他并没有就此罢休，他决定采取变通的迂回战术。

一天，他从一个朋友处了解到阿根廷的牛肉过剩，急于找门路出口外销。他灵机一动，感到幸运之神到来了，这等于给他提供了同英国石油公司及壳牌公司同等竞争的机会，对此他充满了必胜的信心。

他旋即去找阿根廷政府。当时他手里还没有丁烷气，但他确信自己能够弄到，他对阿根廷政府说："如果你们向我买2000万美元的丁烷气，我便买你2000万美元的牛肉。"当时，阿根廷政府想赶紧把牛肉推销出去，便把购买丁烷气的投标给了杜德拉，他终于战胜了两个强大的竞争对手。

标争取到后，他立即寻找丁烷气。他立刻飞往西班牙，当时西班牙有一家大船厂，由于缺少订货而濒临倒闭。西班牙政府对这家船厂的命运十分关心，想挽救这家船厂。

这一则消息，对杜德拉来说，又是一个可以把握的好机会。他便去找西班牙政府商谈，杜德拉说："假如你们向我买 2000 万美元的牛肉，我便向你们的船厂订制一艘价值 2000 万美元的超级油轮。"西班牙政府官员对此求之不得，当即拍板成交，马上通过西班牙驻阿根廷使馆，与阿根廷政府联络，请阿根廷政府将杜德拉所订购的 2000 万美元的牛肉，直接运到西班牙来。

　　杜德拉把 2000 万美元的牛肉转销出去之后，继续寻找丁烷气。他到了美国费城，找到太阳石油公司，他对太阳石油公司说："如果你们能出 2000 万美元租用我这条油轮，我就向你们购买 2000 万美元的丁烷气。"太阳石油公司接受了杜德拉的建议。从此，他便打进了石油业，实现了跻身于石油界的愿望。经过苦心经营，他终于成为委内瑞拉石油界的巨子。

　　杜德拉是一位具有大智慧、大胆魄的商业奇才。这样的人能够在困境中变通地寻找方法，创造机会，将难题转化为有利的条件，创造更多可以脱颖而出的资源。美国一位著名的商业人士在总结自己的成功经验时说，他的成功就在于他善于变通，他能根据不同的困难，采取不同的方法，最终克服困难。对善于变通的人来说，世界上不存在困难，只是暂时还没想到方法。

过分执着无异于故步自封

世间万物，无论是山川大地还是人的心境，都处在不断的变动之中，没有一样是永恒的。生命的过程，从小到老，一直到肉体消亡为止，都在不停地变化，生理身体在变，人的观念也在变。有些变化一眼就能看出来，有的变化肉眼很难分辨，但总体而言，变化才是世间常态。

人的一生，外界的境遇，内心的想法，都不可能一成不变。既然如此，在心态、思想该改变的那一刻，就应该放手让它过去，而不应该执着于自认为对的观念，否则便会被这些观念拖住脚步。

过分为一些无谓的事情而执着是一件徒劳无功的事情，比如，错误已经犯下，再让自己为此而愧疚一生，并没有多大意义，不如想着如何弥补，如何改正，这样还会对人对己多一点儿益处。

老比丘带着小沙弥一起出去化缘，师徒俩不知不觉越走越远，等他们想到要回去时，天已经快黑了。师父年纪大，走得很慢，徒弟就上前来搀着师父走。

天色越来越黑，当他们来到一片树林中时，天已经黑得伸手不见五指了，只能听见师徒俩行走的脚步声和树叶的"沙沙"声，还有从远方传来的各种野兽凄厉的叫声。

小沙弥知道树林中常有野兽出没，为了保护师父，就紧紧抱住师父的肩膀，连扶带推地快步向树林边缘走去。

师父年老力衰，又东奔西走了一整天，早就累得走不动了，加上看不清楚道路，一个踉跄跌倒在地，头刚好磕在硬石头上，一下子就死了。

小沙弥看到师父倒在地上，赶忙把他拉起来，可是见他没什么反应，才发觉师父已经死了，不禁大吃一惊，痛哭失声！

天亮以后，小沙弥独自一人回到寺庙。

寺里的比丘们知道事情的经过后，纷纷谴责小沙弥：

"你看！都是你不小心，害死了自己的师父。"

"就是说嘛！竟然把自己的师父推去撞石头！"

小沙弥有口难辩，心中觉得很委屈，就去找佛陀诉苦。

佛陀让小沙弥坐下，说道："你要说的话我全都知道了，你师父的死不是你的错。"

话虽如此，但小沙弥还是眉头紧皱，无精打采的。

佛陀看了，微笑着继续说："我讲个故事给你听吧！从前有一个父亲生了重病，儿子很着急，到处求医问药。每天他服侍父亲吃过药后，就扶父亲上床躺下，让父亲睡个好觉。可他们住的是一间茅草屋，地上又潮湿，引来许多蚊蝇，整天"嗡嗡"地飞来飞去，打扰父亲睡眠。儿子见父亲在床上睡不着，马上找来苍蝇拍到处追打蚊蝇，却怎么也打不完。

"儿子又急又气，转身抄起一根大棍子挥舞着，对着空中的蚊蝇拼命追打。恰巧有一只蚊蝇落在父亲的鼻子上，儿子一时没看清楚，慌忙一棍打去，父亲就这样被棍子重重打了一下，连哼都来不及哼一声，就死了。"

佛陀停了一会儿，继续说道："孝顺的儿子在无意中伤人性命，只能算是一个意外，不能因此指责儿子是杀人犯，否则可就冤枉他了。你使劲儿推你的师父，是怕师父遭到野兽的袭击，想赶快离开树林，并不是心存恶念，故意要伤害他的性命，是吗？"小沙弥点头称是。

佛陀说："我讲的故事和你所经历的有些不同，但道理是一样的。佛法是慈悲的，你安心修行吧！"

小沙弥听了佛陀的话，心中获得了安慰，从此更加勤奋修行了。

小沙弥虽然犯了错误，但是他并非故意犯错，虽然做错了事情，却没有错心，所以佛陀宽慰他，希望他不要让心念一直停留在自己的错事上，整天郁郁寡欢，而是要放下这样的心结，专心修行。

这并不意味着任何人犯了错误都可以立刻放下，不必承担责任，而是说，不必过分执着于错误。为错误而愧疚、羞耻是应该的，为了错误而停留在原地，故步自封，甚至抛下自己本该做好的事，却是不应该的。

一个过于执着的人，往往也是一个完美主义者。他会希望自己的人生如同白玉一般，毫无瑕疵，一旦染上了什么污点，就会在意得不得了，只知道一味地盯着污点，而忽略整块白玉的纯洁。实际上，人生本来就没有完美，一味地追求完美最后也只会落得不完美的结局。

从前有一个男人，他一辈子独身，因为他一直在寻找一个完美的女人。

当他 70 岁的时候，有人问他："你一直在到处旅行，始终在寻找，难道你没能找到一个完美的女人，甚至连一个也没找到？"

那老人非常悲伤，他说："不，有一次我碰到了一个，一个完美的女人。"

那个发问者说："那么发生了什么，为什么你们不结婚呢？"

老人说："怎么办呢？她也在寻找一个完美的男人。"

这个男人执着于寻找完美的女人，到头来也只换来了一场空。每个人心中对完美的定义不同，如果世间人人都追求自己心中的完美，那么，所有的人生都不会完美，只能一次次错失机遇。

不管是做人还是做事，做到无愧于心即可，不必苛求完美。因为这个世界上的事情，不会全都顺着自己，有的时候即使花上一辈子的时间，也不一定能达到那种想象中的完美。

不管是执着于错误的饮恨还是执着于完美的空想，这些都是无法放下心中苛求的表现。如果我们能够使自己的内心归于平静，放下不必要的苛求，不被无谓的执着困住，便可洒脱地面对人生。

人生没有绝境，只有绝望

　　企业家卡尔森原是一个身无分文的穷光蛋，但是他从没对自己有一天能成为富翁产生过怀疑。即使在十分被动和不利的条件下，他依然能够顽强进取，积极寻找成功的机会。他这种积极的心态帮助了他，面对现状，他没有沮丧和气馁，而是力求向上，力求改变现状，这种心态最终使他创富成功。

　　有一次，卡尔森发现了一个商机。于是他借钱办了一个制造玩具沙漏的工厂。沙漏是一种古董玩具，它在时钟未发明前用来计时；时钟问世后，沙漏已完成它的历史使命，而卡尔森却把它作为一种古董来生产和销售。本来，沙漏作为玩具，趣味性不大，孩子们自然不大喜欢它，因此销量很小。但卡尔森一时找不到其他更适合的工作，只能继续干他的老本行。沙漏的需求量越来越少，卡尔森最后只得停产。但他并不气馁，他完全相信自己能够克服眼前的困难，于是决定先好好休息，轻松一下，便每天都找些娱乐项目，看看棒球赛，读读书，听听音乐，或者领着妻子、孩子外出旅游，但他的头脑一刻也没有停止思考。

　　机会终于来了，一天，卡尔森翻看一本讲赛马的书，书上说："马匹在现代社会里失去了它运输的功能，但是又以高娱乐价值的面目出现。"在这不引人注目的两行字里，卡尔森好像听到了上帝的声音，高兴地跳了起来。他想："赛马骑用的马匹比运货的马匹值钱。是啊！我应该找出沙漏的新用途！"就这样，从书中偶得的灵感，使卡尔森的精神重新振奋起来，他又把心思都放到沙漏上。经过几天苦苦的思索，一个构思浮现在他的脑海中：做个限时3分钟的沙漏，在3分钟内，沙漏里的沙子就会完全落到下面来，把它装在电话机旁，这样打长途电话时就不会超过3分钟，就可以有效地控制电话费了。

　　想好了以后，他就开始动手制作。这个东西设计上非常简单，在沙漏的两端嵌上一个精致的小木板，再接上一条铜链，然后用螺丝钉钉在电话机旁就行了。它还可以做装饰品，看它点点滴滴落下来，虽是微不足道的小玩意儿，却能调节一下现代人紧张的生活。担心电话费支出的人很多，卡尔森的新沙漏可以有效地控制通话时间，售价又非常便宜，因此一上市，销量就很不错，平均每个月能售出3万个。这项创新使原本没有前途的沙漏转瞬间成为对生活有益的用品，销量成倍地增加，面临倒闭的小厂很快变成一个大企业。卡尔森也从一个即将破产的小业主摇身一变，成了腰缠万贯的富豪。

　　卡尔森成功了，赚了大钱，而且是轻轻松松的，没费多大力气。如果他不是一个心态积极的人，如果他在暂时的困难面前一蹶不振，那么他就不可能东山再起，成为富豪。困境的存在与否，不是你能左右的，然而，对困境的回应方式与态度却完全操之在你。你可以因内心痛苦而恶言恶行，也可以将痛苦转化为诗篇，而是此是彼，则有待于你来抉择。在艰苦岁月中，你也许没有选择的余地，但是，你却可以决定自己怎样去面对这种岁月。积极面对问题也许要有无比的勇气。"天无绝人之路"的想法，就是所谓的"可能性思考"，它代表一种积极进取的心态。但说它积极并不等于说它是万灵丹，能解决人生的所有问题。不过，你若相信"天无绝人之路"，以积极的态度面对困境，那么，在"天助自助"的情况下，你大部分的问题是可以解决的。

跌倒后不急于站起来

一位成功人士曾这么说："人生是一个积累的过程，你总会摔倒，即使跌倒了也要懂得抓一把沙子在手里。"记得一定要抓一把沙子在手里，只有这样才有摔倒的意义。

田中光夫曾在东京的一所中学当校工，尽管周薪只有 50 日元，但他十分满足，很认真地干了几十年。就在他快要退休时，新上任的校长认为他"连字都不认识，却在校园工作，太不可思议了"，便将他辞退了。

田中光夫苦恼地离开了校园。像往常一样，他去为自己的晚餐买半磅香肠，但快到山田太太的食品店门前时，他猛地一拍额头——

他忘了，山田太太已经去世了，她的食品店也关门多日了。而不巧的是，附近街区竟然没有第二家卖香肠的。忽然，一个念头在他的心里闪过——为什么我不开一家专卖香肠的小店呢？他很快拿出自己仅有的一点儿积蓄接手了山田太太的食品店，专门卖起香肠来。

因为田中光夫灵活多变的经营，5 年后，他成了声名赫赫的熟食加工公司的总裁，他的香肠连锁店遍及了东京的大街小巷，并且是产、供、销"一条龙"服务，颇有名气的"田中光夫香肠制作技术学校"也应运而生。

一天，当年辞退他的校长得知这位著名的董事长只会写不多的字时，便打来电话称赞他："田中光夫先生，您没有受过正规的学校教育，却拥有如此成功的事业，实在是太了不起了。"

田中光夫由衷地回答："十分感谢您当初辞退了我，让我摔了个跟头，从那之后我才认识到自己还能干更多的事情。否则，我现在肯定还是一位周薪 50 日元的校工。"

跌倒并不可怕，关键在于我们将如何面对跌倒。如果我们经受不住跌倒的打击，悲观沉沦，一蹶不振，那么跌倒便成了我们前进的障碍和精神的负荷。如果我们将跌倒看成一笔精神财富，把跌倒的痛苦化作前进的动力，那么跌倒便是一种收获。

瑞典电影大师英格玛·伯格曼是最具影响力的电影导演之一，他同样也重重地跌倒过。

1947 年，电影《开往印度的船》杀青后，出道不久的伯格曼自我感觉棒极了，认定这是一部杰作，"不准剪掉其中任何一尺"，甚至连试映都没有就匆忙首映。结果可想而知，糟透了！伯格曼在酒会上将自己灌得不省人事，次日在一幢公寓的台阶上醒来，看着报纸上的影评，苦不堪言。

这时，他的朋友幽默地说了一句话："明天照样会有报纸。"

此话让伯格曼深感安慰。明天照样会有报纸，冷嘲热讽很快都会过去的，你应该争取在明天的报纸上写下最新、最美的内容。

伯格曼从失败中吸取了教训，在下一部电影的制作中，只要有空就去录音部门和冲印厂，学会了与录音、冲片、印片有关的一切，还学会了摄影机与镜头的知识。从此再也没有技术人员可以唬住他，他可以随心所欲地达到自己想要的效果。一代电影大师就这样成长起来了。

有时，我们虽然没有收获胜利，但我们收获到了经验和教训。失败让我们真正地了解了世界，也让我们重新认识了自己。失败虽然给我们带来了痛苦和悲伤，但也给我们带来了深刻的反思和启迪。

祸福相依，悲痛之中暗藏福分

托尔斯泰在他的散文名篇《我的忏悔》中讲了这样一个故事。

一个男人被一只老虎追赶而掉下悬崖，庆幸的是在跌落过程中，他抓住了一棵生长在悬崖边的小灌木。此时，他发现，头顶那只老虎正虎视眈眈，低头一看，悬崖底下还有一只老虎；更糟的是，两只老鼠正在啃咬悬着他的小灌木的根须。绝望中，他突然发现附近生长着一簇野草莓，伸手可及。于是，这人拽下草莓，塞进嘴里，自语道："多甜啊！"

在生命进程中，当痛苦、绝望、不幸和危难向你逼近的时候，你是否还能享受一下野草莓的滋味？"尘世永远是苦海，天堂才有永恒的快乐"，这是禁欲主义者编造的用以蛊惑人心的谎言，而苦中求乐才是快乐的真谛。

人生是一张单程车票，一去不复返。陷在痛苦泥潭里不能自拔，只会与快乐无缘。告别痛苦的手得由你自己来挥动，享受今天盛开的玫瑰的捷径只有一条：坚决与过去分手。

"祸福相依"最能说明痛苦与快乐的辩证关系，贝多芬"用泪水播种欢乐"的人生体验生动形象地道出了痛苦的正面作用，传奇人物艾柯卡的经历更有力地阐明了快乐与痛苦的内在联系。

艾柯卡靠自己的奋斗终于当上了福特公司的总经理。后来，艾柯卡被大老板亨利·福特开除。在福特工作已 32 年，当了 8 年的总经理，一帆风顺的艾柯卡突然间失业了。艾柯卡痛不欲生，他开始酗酒，对自己失去了信心，快要崩溃了。

就在这时，艾柯卡接受了一个新挑战——应聘到濒临破产的克莱斯勒汽车公司出任总经理。凭着他的智慧、胆识和魅力，艾柯卡大刀阔斧地对克莱斯勒进行了整顿、改革，并向政府求援。他舌战国会议员，取得了巨额贷款，重振企业雄风。在艾柯卡的领导下，克莱斯勒公司推出 K 型车，此车的成功令克莱斯勒起死回生，成为仅次于通用汽车公司、福特汽车公司的第三大汽车公司。1983 年 7 月 13 日，艾柯卡把面额高达 813 亿美元的支票交到银行代表手里，至此，克莱斯勒还清了所有债务，而恰恰是 5 年前的这一天，亨利·福特开除了他。事后，艾柯卡深有感触地说：奋力向前，哪怕时运不济；永不绝望，哪怕天崩地裂。

"痛苦像一把犁，它一面犁破了你的心，一面掘开了生命的新起源。"古人讲："不知生，焉知死？"不知苦痛，怎能体会到幸福和快乐？痛苦就像一枚青青的橄榄，品尝后才知其甘甜，这品尝需要勇气！其实，要让自己幸福非常简单，那就是少一分欲望，多一分自信；在身处绝境时，懂得苦中求乐，懂得咬牙坚持才是人生的真谛。

化困境为一种历练

亨利的父亲过世了，他还有一个 2 岁大的妹妹，母亲为了这个家整日操劳，但是赚的钱难以让这个家的每个人都填饱肚子。看着母亲日渐憔悴的样子，亨利决定帮母亲赚钱养家，因为他已经长大了，应该为这个家贡献一份自己的力量了。

一天，他帮助一位先生找到了丢失的笔记本，那位先生为了答谢他，给了他 1 美元。亨利用这 1 美元买了 3 把鞋刷和 1 盒鞋油，还自己动手做了个木头箱子。带着这些工具，他来到了街上，每当他看见路人的皮鞋上全是灰尘的时候，就对那位先生说："先生，我想您的鞋需要擦油了，让我来为您效劳吧？"他对所有的人都是那样有礼貌，语气是那么真诚，以致每一个听他说话的人都愿意让这样一个懂礼貌的孩子为自己的鞋擦油。他们实在不愿意让一个可怜的孩子感到失望，面对这么懂事的孩子，怎么忍心拒绝他呢！就这样，第一天他赚了 50 美分，他用这些钱买了一些食品。他知道，从此以后每一个人都不再挨饿了，母亲也不用像以前那样操劳了，这是他能办到的。当母亲看到他背着擦鞋箱，带回来食品的时候，她流下了高兴的泪水，说："你真的长大了，亨利。我不能赚足够的钱让你们过得更好，但是我现在相信我们将来可以过得更好。"就这样，亨利白天工作，晚上去学校上课。他赚的钱不仅为自己交了学费，还足够维持母亲和小妹妹的生活。

其实，生活中有许多人与亨利一样，但是他们很多却被环境的困难和阻碍击倒了。然而，有许多人，因为一生中没有同阻碍搏斗的机会，又没有充分的困难足以激发其潜在的能力，于是只能默默无闻。阻碍不是我们的仇敌，而是恩人，它能锻炼我们战胜阻碍的种种能力。森林中的大树，要不经历暴风猛雨，树干就不能长得结实。同样，人不遭遇种种阻碍，他的人格、本领是不会得到提高的，所以一切的磨难、困苦与悲哀，都是足以锻炼我们的。

　　一个大无畏的人，越为环境所困，反而越加奋勇。不战栗，不逡巡，胸膛直挺，意志坚定，敢于对付任何困难，轻视任何厄运，嘲笑任何阻碍。因为忧患、困苦，反而可以增强他的意志、力量与品格，使他成为人上之人。

磨砺到了，幸福也就到了

　　世间很多事情都是难以预料的，亲人的离去，生意的失败，失恋，失业……打破了我们原本平静的生活。以后的路究竟应该怎么走？我们应当从哪里起步？这些灰暗的影子一直笼罩在我们的头上，让我们裹足不前。

　　难道活着真的就这么难吗？日子真的就暗无天日吗？其实，并不是这样的。在这个世界上，为何有的人活得轻松，而有的人却活得沉重？因为前者拿得起，放得下；而后者是拿得起，却放不下。很多人在受到伤害之后，一蹶不振，在伤痛的海洋里沉沦。只得到不失去是不可能的，而一个人在失去之后就对未来丧失信心和希望，又怎么能在失去之后再得到呢？人生又怎能过得快乐幸福呢？

　　被誉为"经营之神"的松下幸之助9岁起就去大阪做了一个

小伙计，后来，父亲的过早去世又使得 15 岁的他不得不挑起生活的重担，寄人篱下的日子使他过早地体验了生活的艰辛。

22 岁那年，他晋升为一家电灯公司的检查员。就在这时，松下幸之助发现自己得了家族病，已经有 9 位家人在 30 岁前因为家族病离开了人世。他没了退路，反而对可能发生的事情有了充分的思想准备，这也使他形成了一套与疾病作斗争的办法：不断调整自己的心态，以平常之心面对疾病，调动机体自身的免疫力、抵抗力与病魔斗争，使自己保持旺盛的精力。这样的过程持续了 1 年，他的身体也变得结实起来，内心也越来越坚强，这种心态也影响了他的一生。

患病一年来他苦苦思索，改良插座的愿望受阻后，他决心辞去公司的工作，独立经营插座生意。创业之初，正逢第一次世界大战，物价飞涨，而松下幸之助手里的资金还不到 100 日元。公司成立后，最初的产品是插座和灯头，却因销量不佳，使得工厂到了难以维持的地步，员工相继离去，松下幸之助的境况变得很糟糕。

但他把这一切都看成创业的必然经历，他对自己说："再下点儿功夫，总会成功的！已有更接近成功的把握了。"他相信坚持下去取得成功，就是对自己最好的报答。功夫不负有心人，生意逐渐有了转机，直到 6 年后拿出第一个像样的产品，也就是自行车前灯，公司才慢慢走出困境。

1929 年经济危机席卷全球，日本也未能幸免，大量产品销量锐减，库存激增。1945 年，日本战败使得松下幸之助变得几乎一无所有，剩下的是到 1949 年时达 10 亿日元的巨额债务。为抗议把公司定为财阀，松下幸之助不下 50 次去美军司令部进行交涉，最终保住了公司。

一次又一次的打击并没有击垮松下幸之助，如今松下已经成为享誉全世界的知名品牌，而这个品牌也是在不断的磨砺之中逐渐成长起来的。

如果当初松下幸之助在得知自己患上家族病的那一刻，将自己埋没在悲伤之中，那么，或许今天我们就不会看到松下这个品牌了。

生活中有各种各样我们想不到的事情，其实这些事情本身并不可怕，可怕的是我们无法从这些事情所造成的影响中抽身出来，尽早地以最新、最好的状态投入下面的事情。哪怕我们现在身无分文，但我们可以从身无分文起步，一点一滴地打拼。磨砺到了，幸福也就到了。

冬天里会有绿意，绝境中也会有生机

我们知道，事情的发展往往具有两面性，犹如每一枚硬币总有正反面一样，失败的背后可能是成功，危机的背后也有转机。

1974 年，第一次石油危机引发经济衰退时，世界运输业普遍不景气，但当时美国的特德·阿里森家族却收购了一艘邮轮，成立嘉年华邮轮公司，后来这家公司成为世界上最大的超级豪华邮轮公司；世界最大的钢铁集团米塔尔公司，在 20 世纪 90 年代末，世界钢铁行业不景气的时候，进行了首次大规模兼并，然后迅速扩张起来。所以说，危机中有商机，挑战中有机遇，艰难的经济发展阶段对企业来说是充满机会的，对企业如此，对个人、对民族、对国家也是如此。

2008 年经济危机爆发后，美国很多商业机构和场所顿时萧条了，但酒吧的生意却悄悄地红火起来。原来，精明的酒商们发现美国人开始越来越喜欢喝战前禁酒令时期以及大萧条时期的酒品，比如由白兰地、橘味酒和柠檬汁调制成的赛德卡鸡尾酒。酒商们迅速嗅出了新商机，推出了一款改进的老牌鸡尾酒。美国一位酒业资深人士指出，人们在困难时期，往往会从熟悉的东西那里寻求安慰，老式鸡尾酒自然而然会走俏。这种酒品，不仅让酒商们大赚了一笔，而且还使疲于应对经济危机的美国人民得到了慰藉。"危中有机，化危为机。"一些中外专家认为，如果危机处置得当，金融风暴也有可能成为个人、企业或国家迅速发展的机遇。所以，冬天里会有绿意，绝境里也会有生机。

危机之下，谁都不希望面临绝境，但绝境意外来临时，我们挡也挡不住，与其怨天尤人，还不如奋力一搏，说不定，还会创造一个奇迹。

有人说过这样一句话："瀑布之所以能在绝处创造奇观，是因为它有绝处求生的勇气和智慧。"其实我们每个人都像瀑布一样，在平静的溪谷中流淌时，波澜不惊，看不出蕴含着多大的力量；往往当我们身处绝境时，才能将这种力量开发出来。

下面是一个在绝境里求生存的真实故事：第二次世界大战期间，有位苏联士兵驾驶一辆苏H正式重型坦克，非常勇猛，一马当先地冲入了德军的心腹重地。这一下虽然把敌军打得抱头鼠窜，但他自己也渐渐脱离了大部队。

就在这时，突然轰隆隆一声，他的坦克陷入了德军阵地中的一条防坦克深沟之中，顿时熄了火，动弹不得。

这时，德军纷纷围了上来，大喊着："俄国佬，投降吧！"

刚刚还在战场上咆哮的重型坦克，一下子变成了敌人的瓮中之物。

苏联士兵宁死也不肯投降，但是现实一点儿也不容乐观，他正处于束手待毙的绝境中。

突然，苏军的坦克里传出了"砰砰砰"的几声枪响，接着就是死一般的沉寂。看来苏联士兵在坦克中自杀了。

德军很高兴，就去弄了辆坦克来拉苏军的坦克，想把它拖回自己的堡垒。可是德军这辆坦克吨位太轻，拉不动苏军的庞然大物，于是德军又弄了一辆坦克来拉。

两辆德军坦克拉着苏军坦克出了壕沟。突然，苏军的坦克发动起来，它没有被德军坦克拉走，反而拉走了德军的坦克。

德军惊惶失措，纷纷开枪射向苏军坦克，但子弹打在钢板上，只打出一个个浅浅的坑洼，奈何它不得。那两辆被拖走的德军坦克，因为目标近在咫尺，无法发挥火力，只好像被驯服的羔羊，乖乖地被拖到苏军阵地。

原来，苏联士兵并没有自杀，而是在那种绝境中，被逼得想出了一个绝妙的办法。他以静制动，后发制人，让德军坦克将他的坦克拖出深沟，然后凭着自身强劲的马力，反而俘虏了两辆德军坦克。其实，每个人皆是如此，虽然我们的生活并不会时时面临枪林弹雨，但总有身处绝境的时候，每当此时，我们往往会产生爆发力，而正是这种爆发力将我们的力量激发出来。所以，面临绝境的时候，不要灰心、不要气馁，更不要坐以待毙，勇往直前，无所畏惧，你我都可以"杀出一条血路"。

在顺境中修行，永远不能成佛

世间人常说的一句话是：逆境出人才。佛教中也有一句话说：人在顺境中是不能修行成佛的，人只能在逆境中修行。人们最出色的工作往往是在处于逆境的情况下做出的。逆境是对人生的一种考验，是对人的生活的一种磨炼。

一个人生活在世上，不可能永远走平坦的路。从佛学角度说，南传佛教讲的四圣谛"苦、集、灭、道"，第一个就是"苦谛"。人生最根本的问题就是苦，"苦"有生、老、病、死苦，再加上怨憎会苦、爱离别苦、求不得苦。能看透人生最根本的问题是苦，其他还有什么比它再苦的呢？要想离苦得乐，你最好按照佛的教育去做。佛，是释迦牟尼，也是你自己。你能离苦得乐，你就是佛。

佛曰："逆境是增上缘。"佛陀还告诉我们："十方三世一切佛皆以苦为良师。"没有苦不可能成道。如果一个人要想更坚强，应该接受逆境的磨炼；顺境不一定就好，逆境也不一定不好。在顺境中修行，永远不能成佛。在我们现在生活的世界，因为有苦，所以人会努力、思考、精进，才会思变，才会改变，才会领悟。这就叫因苦成佛。

释迦牟尼佛在无量劫以前已经成佛了，可是他慈悲心太重，为了教化没有恒远心、没有坚强心、没有诚恳心的众生，在雪山苦修6年，示现成佛。

生活中挫折是在所难免的，重要的不是绝对避免挫折，而是要在挫折面前采取积极进取的态度。勇敢面对艰险，不怕挫折，这是一种积极心态，更是人生必修课。公元743年，唐朝的鉴真和尚第一次东渡，正准备从扬州扬帆出海时，不料被人诬告与海盗串通，东渡未能实现。同年年底，鉴真和同船856人第二次东渡。刚一出海，就遇到了狂风恶浪，船只被击破，船上水没腰，这次东渡又告失败。

鉴真修好船后，到了浙江沿海，又遇到狂风恶浪，船只触礁沉没，人虽上岸，但水米皆无，他们忍饥挨饿好几天，才被搭救出来；第三次东渡又遇挫折，第四次东渡因人阻拦，也未成功。

遭受挫折最为惨重的是第五次东渡。公元 748 年，鉴真一行 345 人又从扬州乘船东渡，船入深海不久，就遇上特大台风，船只受风吹浪涌漂到浙江舟山群岛附近。停泊三个星期后，鉴真再度入海，不料又误入海流。这时，风急浪高，水黑如墨，船只犹如一片竹叶，忽而被抛上小山高的浪尖，忽而陷入几丈深的波谷。

这样漂了七八天，船上的淡水用完了，每天只靠嚼点儿干粮充饥。口渴难忍时就喝点儿海水，这样苦熬了半个多月，最后漂到了海南岛最南端崖县，才侥幸上了岸。他们跋涉千里，历尽千辛万苦才回到了扬州。在路上几经磨难，63 岁的鉴真身染重病，以致双目失明。即使是在这样的情况之下，鉴真东渡日本的决心丝毫未动，仍为第六次的东渡作准备，后来终于获得了成功。逆境，对弱者是一种打击，对强者却是一种激励。逆境之所以出人才，是因为人能够正视生活中的种种困难，有迎难而上的精神，有坚持不懈的意志。逆境是块磨刀石，它能磨砺出奋发向上的意志和百折不挠的精神，逆境是所学校，人能在这里学到丰富的人生知识。

所以，学佛之人要乐于迎接人生中的每一个逆境，这才是真正的修行之道。在顺境中修行，永远不能成佛。在实现自我追求幸福的过程中会遇到各种逆境，我们要能够"千里云海漫漫路，虔心不移志如磐"。很多人刚开始满怀信心地踏上人生大道，但是只要一遇逆境就很自然地向后转，情况好点儿的就留在原地踏步，只有极少数的人能突破瓶颈过关斩将，他们才是真正的英雄好汉。

佛界有言："此身不向今生度，更待何时度此身。"在追求成功的道路上，我们要能够忍耐从肉体到精神上的全面折磨，之后才能"历劫成圣"。依靠忍耐，许多困难都能克服，甚至许多原本已经无望的事情都可以起死回生。像拥抱幸福一样拥抱苦难，我们的人生会更精彩！

第四章

站到对方的位置，看到自己的问题

换位思考的艺术

从前有一个老国王，他很古怪，一天，老国王想把自己的王位传给两个儿子中的一个。他决定举行比赛，要求是这样的：谁的马跑得慢，谁就将继承王位。两个儿子都担心对方弄虚作假，使自己的马比实际跑得慢，就去请教宫廷的弄臣（中世纪宫廷内或贵族家中供人娱乐的人）。这位弄臣只用了两个字，就说出了确保比赛公正的方法。这两个字就是：对换。

所谓换位思维，就是设身处地将自己摆放在对方的位置，用对方的视角看待世界。

在与他人的交往中，我们要学会换位思考，设身处地为他人考虑，也就是我们常说的将心比心。换位思考可以使他人感受到你的爱心与关怀，也许会给你自己带来意想不到的惊喜。

英国的一个小镇上，有一位孤单的老人准备出售他漂亮的房子，搬到疗养院去。

消息一传开，立刻有许多人登门造访，提出的房价高达 30 万美元。

这些人中有一个叫罗伊的小伙子，他刚刚大学毕业，没有多少收入。但他特别喜欢这所房子。

他悄悄打听了一下别人给出的价格，手里拿着仅有的 3000 美元，想着该如何让老人将房子卖给自己而不是别人。

这时，罗伊想起一个老师说的话——找出卖方真正想要的东西给他。

他寻思许久，终于找到了问题的关键点：老人最牵挂的事就是将不能在花园中散步了。

罗伊就跟老人商量说："如果您把房子卖给我，您仍能住在您的房子里而不必搬到疗养院去，每天您都可以在花园里散步，而我则会像照顾自己的爷爷一样照顾您。一切都像平常一样。"

听了这话，老人那张皱纹纵横的老脸，绽开了灿烂的笑容，笑容中，充满爱和惊喜，当即，老人与罗伊签下了合约，罗伊首付 3000 美元，之后每月付 500 美元。

老人很开心，他把整个屋子的古董家具都作为礼物送给了罗伊，并高兴地向大家宣布这所房子已经有了新的主人。

罗伊不可思议地赢得了胜利，老人则赢得了快乐和与罗伊之间的亲密关系。

由此我们可以知道，换位思考除了感人之所感外，还要知人之所感，即对他人的处境感同身受、理解。

换位思考是在情感的自我感觉基础上发展起来的。首先要面对自己的情感，我们对自己越是坦诚，研读他人的情绪感受也就越准确。

换位思考不仅对保持人与人之间的和睦关系非常重要，而且对任何与人打交道的工作来说，都是至关重要的。无论是搞销售，还是从事心理咨询，或给人治病以及在各行各业中从事领导工作，体察别人内心的换位思考都是取得优秀业绩的关键因素。

由彼观彼，而不是由己观彼

换位思考的一个显著特征就是站在对方的角度看问题。这样，我们将得到一个崭新的视角，这有利于问题的有效解决。

著名的牧师约翰·古德诺在他的著作《如何把人变成黄金》中举了这样一个例子：

多年来，作为消遣，我常常在距家不远的公园散步、骑马，我很喜欢橡树，所以每当我看见小橡树和灌木被不小心引起的火烧死，就非常痛心，这些火不是由粗心的吸烟者引起，它们大多是由那些到公园里体验土著人生活的游人所引起，他们在树下烹饪而烧着了树。火势有时候很猛，需要消防队才能扑灭。

在公园边上有一个布告牌警告说：凡引起火灾的人会被罚款甚至拘禁。

但是这个布告竖在一个人们很难看到的地方，尤其儿童更是很难看到它。虽然有一位骑马的警察负责保护公园，但他很不尽职，火仍然常常蔓延。

有一次，我跑到一个警察那里，告诉他有一处着火了，而且蔓延很快，我要求他通知消防队，他却冷淡地回答说，那不是他的事，因为不在他的管辖区。我急了，所以从那以后，当我骑马出去的时候，我担任自己委任的"单人委员会"的委员，保护公共场所。每当看见树下着火，我都非常着急。最初，我警告那些小孩子，引火可能被拘禁，我用权威的口气，命令他们把火扑灭。如果他们拒绝，我就恫吓他们，要将他们送到警察局——我在发泄我的反感。

结果呢？孩子们当面顺从了，满怀反感地顺从了。当我消失在山后边时，他们重新点火，让火烧得更旺——希望把全部树木烧光。

这样的事情发生多了，我慢慢掌握一些人际关系的知识，学会从对方立场看事情的方法。

于是我不再下命令，我骑马到火堆前，开始这样说：

"孩子们，很高兴吧？你们在做什么晚餐？……当我是一个小孩子时，我也喜欢生火玩儿，我现在也还喜欢。但你们知道在这个公园里，火是很危险的，我知道你们没有恶意，但别的孩子们就不同了，他们看见你们生火，他们也会生一大堆火，回家的时候也不扑灭，让火在干叶中蔓延，伤害了树木。如果我们再不小心，不仅这儿没有树了。而且，你们可能被拘入狱，所以，希望你们懂得这个道理，今后注意点。其实我很喜欢看你们玩耍，但是那很危险……"

　　这种说法产生了很大效果。孩子们乐意合作，没有怨恨，没有反感。他们没有被强制服从命令，他们觉得好，古德诺也觉得好。因为他考虑了孩子们的观点——他们要的是生火玩儿，而他达到了自己的目的——不发生火灾，不毁坏树木。

　　站在对方的角度看问题，往往可以使我们更清晰地了解对方的处境，也可以使对方更真切地感受到我们的关怀，促进事情的顺利发展。

　　被誉为世界上最伟大的推销员的乔·吉拉德是一个善于站在对方角度考虑问题的人，这也是成就他的推销神话的秘诀之一。

　　有一次，一位中年妇女走进乔·吉拉德的展销室，说她想在这儿看看车打发一会儿时间。闲谈中，她告诉乔·吉拉德她想买一辆白色的福特车，就像她表姐开的那辆一样，但对面福特车行的推销员让她过一小时后再去，所以她就先来这儿看看。她还说这是她送给自己的生日礼物："今天是我 55 岁生日。"

　　"生日快乐！夫人。"乔·吉拉德一边说，一边请她进来随便看看，接着出去交代了一下，然后回来对她说，"夫人，您喜欢白色车，既然您现在有时间，我给您介绍一下我们的双门式轿车——也是白色的。"

　　他们正谈着，女秘书走了进来，递给乔·吉拉德一束玫瑰花。乔·吉拉德把花送给那位夫人："祝您生日快乐，尊敬的夫人。"

显然她很受感动，眼眶都湿了。"已经很久没有人给我送礼物了。"她说，"刚才那位福特推销员一定是看我开了部旧车，以为我买不起新车，我刚要看车他却说要去收一笔款，于是我就上这儿来等他。其实我只是想要一辆白色车而已，只不过表姐的车是福特，所以我也想买福特。现在想想，不买福特也可以。"

　　最后她在乔·吉拉德这儿买了一辆雪佛莱，并开了一张全额支票，其实从头到尾乔·吉拉德的言语中都没有劝她放弃福特而买雪佛莱的词句。只是因为吉拉德对她的关心使她感觉受到了重视，契合了这位妇女当时的心理，于是她放弃了原来的打算，转而选择了乔·吉拉德的产品。

　　上面两则故事告诉了我们这样一个道理：无论面对什么样的人，解决什么样的问题，都要努力站在对方的角度看问题，这样，说出的话、提出的解决方案才能迎合对方的心理，使事情的进展更加顺利。

为对方着想，替对方打算

　　换位思考的行为主旨之一就是为对方着想。在生活中，若遇到只为自己的利益着想的人，我们常常会说这个人自私，鄙视其为人，自然就会很少与其来往；若遇到的是一个能为他人着想的人，我们常常会敬佩其为人，也很乐意与他来往。推己及人，为了创建一个良好的人际交往环境，我们应该尽可能地为对方着想。

倘若期望与人缔结长久的友谊，彼此都应该为对方着想。钓不同的鱼，投放不同的饵。卡耐基说："每年夏天，我都去梅恩钓鱼。以我自己来说，我喜欢吃杨梅和奶油，可是我看出由于若干特殊的理由，鱼更爱吃小虫。所以当我去钓鱼的时候，我不想我所要的，而想鱼儿所需要的。我不以杨梅或奶油作为钓饵，而是在鱼钩上挂上一条小虫或是一只蚱蜢，放入水里，向鱼儿说：'你喜欢吃吗？'"

如果你希望拥有完美的人际关系，为什么不采用卡耐基的方法去"钓"一个个的人呢？

依特·乔琪，美国独立战争时期的一个高级将领，战后依旧宝刀不老，雄踞高位，于是有人问他："很多战时的领袖现在都退休了，你为什么还身居高位呢？"

他是这样回答的："如果希望官居高位，那么就应该学会钓鱼。钓鱼给了我很大的启示，从鱼儿的愿望出发，放对了鱼饵，鱼儿才会上钩，这是再简单不过的道理。不同的鱼要使用不同的钓饵，如果你一厢情愿，长期使用一种鱼饵去钓不同的鱼，你一定会劳而无功的。"

这的确是经验之谈，是智慧的总结。总是想着自己，不顾别人的死活，不管对方的感受，心中只有"我"，是不可能拥有完美的人际关系的。

　　为什么有些人总是"我"字当头呢？这是孩子的想法，是不近情理的作为，是长不大的表现。只要认真地观察一下孩子，你就会发现孩子那种"我"字当头的本性。当然，一个人如果完全不注意自己的需要，那是不可能的，也是不切实际的。因此，注意你自己的需要，这是可以理解的，可是如果你信奉"人不为己，天诛地灭"，变成了一个十足的利己主义者，那么，你就会对他人漠不关心，难道还希望他人对你关怀备至吗？

　　卡耐基说，世界上唯一能够影响对方的方法，就是时刻关心对方的需要，并且要想方设法满足对方的这种需要。在与对方谈论他的需要时，你最好真诚地告诉对方如何才能达到目的。

　　有一次，爱默逊和他的儿子，要把一头小牛赶进牛棚里去，可是父子俩都犯了一个常识性的错误，他们只想到自己所需要的，没有想到那头小牛所需要的。爱默逊在后面推，儿子在前面拉。可是那头小牛也跟他们父子一样，也只想自己所想要的，所以挺起四腿，拒绝离开草地。

　　这种情形被旁边的一个爱尔兰女佣看到了。这个女佣不会写书，也不会做文章，可是，她懂得牲口的感受和习性，她想到这头小牛所需要的。只见这个女佣把自己的拇指放进小牛的嘴里，让小牛吮吸拇指，女佣使用很温和的方法把这头倔强的小牛引进了牛棚里。

　　这些道理都是浅显而明白的，任何人都能够获得这种技巧。

可这种"只想自己"的习惯也不是很容易就能改变的，因为自从来到这个世界上，你所有的举动、出发点都是为了你自己。

亨利·福特说："如果你想拥有一个永远成功的秘诀，那么这个秘诀就是站在对方的立场上考虑问题——这个立场是对方感觉到的，但不一定是真实的。"

这是一种能力，而这种能力就是你获得成功的技巧。

站在对方立场说话，他才容易听你的

换位可以使说服更有效。换位思考可以洞察对方的心理需求，便于及时地调整自己，挖掘自己与对方的相同点，使谈话的氛围更轻松，在不知不觉中使对方认同自己的观点。

让我们先来看一看发生在古代的一个成功说服他人的真实故事。

赵太后刚刚执政，秦国就进攻赵国。赵太后向齐国求救。齐国说："一定要用长安君来做人质，援兵才能派出。"赵太后不肯答应，大臣们极力劝谏。太后公开对左右近臣说："有谁敢再说让长安君去做人质，我一定朝他脸上吐唾沫！"

左师公触龙去见太后。太后气冲冲地等着他。触龙做出快步走的姿势，慢慢地挪动着脚步，来到太后面前谢罪说："老臣脚有毛病，竟不能快跑，很久没来看您了。我私下原谅自己，又总担心太后的贵体有什么不舒适，所以想来看望您。"太后说："我全靠坐辇车走动。"触龙问："您每天的饮食该不会减少吧？"太后说："吃点稀粥罢了。"触龙说："我近来很不想吃东西，自己却勉强走走，每天走上三四里，就慢慢地稍微增加点食欲，身上也比较舒适了。"太后说："我做不到。"太后的怒色稍微消解了些。

左师说："我的儿子舒祺，年龄最小，不成才；而我又老了，私下疼爱他，希望能让他补上黑衣卫士的空缺，来保卫王宫。我冒着死罪禀告太后。"太后说："可以。年龄多大了？"触龙说："15岁了。虽然还小，却也希望趁我还没入土就托付给您。"太后说："你们男人也疼爱小儿子吗？"触龙说："比妇人还厉害。"太后笑着说："妇人更厉害。"触龙回答说："我私下认为，您疼爱燕后就超过了疼爱长安君。"太后说："您错了！不像疼爱长安君那样厉害。"左师公说："父母疼爱子女，就得为他们考虑长远些。您送燕后出嫁的时候，摸着她的脚后跟哭泣，这是惦念并伤心她嫁到远方。她出嫁以后，您也并不是不想念她，可您祭祀时，一定为她祷告说：'千万不要被赶回来啊。'难道这不是为她做长远打算，希望她生育子孙，一代一代地做国君吗？"太后说："是这样。"

左师公说："从这一辈往上推到三代以前，一直到赵国建立的时候，赵王被封侯的子孙的后继人还有在的吗？"赵太后说："没有。"触龙说："不光是赵国，其他诸侯国君的被封侯的子孙，他们的后人还有在的吗？"赵太后说："我没听说过。"左师公说：

"他们当中祸患来得早的就降临到自己头上，祸患来得晚的就降临到子孙头上。难道国君的子孙就一定不好吗？这是因为他们地位高而没有功勋，俸禄丰厚而没有功绩，占有的珍宝却太多了啊！现在您把长安君的地位抬得很高，又封给他肥沃的土地，给他很多珍宝，而不趁现在这个时机让他为国立功，一旦您百年之后，长安君凭什么在赵国站住脚呢？我觉得您为长安君打算得太少了，因此我认为您疼爱他不如疼爱燕后。"太后说："好吧，任凭您指派他吧。"

于是太后就替长安君准备了 100 辆车子，送他到齐国去做人质。齐国的救兵这才出动。

这的确是"移情—换位"的典范。触龙通过换位思考，成功地将赵太后说服。

在现实生活中，我们经常要说服他人。说服就是使他人认同自己的观点和想法，以成功达到自己的目的。

在销售过程中，利用换位思考与顾客建立和谐关系是很重要的，换位思维的重要目的是让顾客喜欢你、信赖你，并且相信你的所作所为是为他们的利益着想，使说服工作更容易进行。

下面就是一则在工作中善用换位思考的推销员的故事。

有一次，程亮到一位客户家里推销，接待他的是这家的家庭主妇。程亮的第一句话是："哟，您就是女主人啊！您真年轻，实在看不出已经有孩子了。"

女主人说："咳，你没看见，快把我累垮了，带孩子真累人。"

程亮说:"那是,在家我妻子也老抱怨我,说我一天到晚在外面跑,一点也不尽当爸爸的责任,把孩子全留给她了。"

女主人深表同情地说:"就是嘛,你们男人就知道在外面混。"

程亮跟着说:"孩子几岁了?真漂亮!快上幼儿园了吧?"

"是呀,今年下半年上幼儿园。"

"挺伶俐的,怪可爱的,孩子慢慢长大,他们的教育与成长就成为我们做大人最关心的事情了,谁不望子成龙,望女成凤,我每隔一段时间就会买些这样的磁带放给他们听。"

说着,程亮就取出了他所推销的商品——幼儿音乐磁带,没想到女主人想都没多想,就问:"一共多少钱?"毫不犹豫地就买了一套。

程亮轻松地说服了客户,妙处就在于他一直站在客户的立场上看待问题,很自然地引出客户所需,并适时奉上自己的商品。这时,客户并不感觉自己被推销员说服了,而是自己需要购买,交易就这样顺利达成了。

一般来说,善于说服他人的人,都是善于揣摩他人心理的人。要说服他人,就得让对方觉得自己被接受、被了解,让人觉得你将心比心,善解人意。人的内心情感可以在他的举止、言谈中流露出来,但正如浮在水面之上的冰山只占总体积的10%一样,人的情绪的90%是我们的肉眼看不到的。这就要求我们去深入了解对方的内心世界,加以观察体会,细心揣摩,并采取适当的行动来满足对方的需要,建立信任感,从而使说服更有成果、更有效率。只有在满足别人需要的前提下，才能达到自己的目的，获得双赢。

可见，说服他人的第一步就是要进行换位思考，在了解自己需要的基础上，站在对方的立场，揣摩对方的心理，了解对方的需求。只有这样，你才知道自己能够放弃什么和不能放弃什么，所谓知己知彼，方能百战百胜。否则，被说服的对象很可能就是你自己。

进行换位思考的时候，切忌情绪化，发怒、过于激动、过于高兴、伤感的情绪都会使你不能有效地思考，从而削弱你的判断能力，使换位思考无法真正到位。

说服是鼓动而不是操纵，最好的说服是使对方认为这就是他们自己的想法。关键的一点就是通过换位思考，发现对方的心理需求，及时地调整自己，挖掘自己与对方的相同点，因为人们一般都倾向于喜欢和认同与自己类似的人，这样，说服工作就可能更进一步。

而这一切的前提和关键都是必须进行换位思考，只有在揣摩清楚对方的心理后才能达到说服的目的。

己所不欲，勿施于人

"己所不欲，勿施于人"是换位思考的一个核心理念，当我们能切身地领悟到这一点时，许多不理解的事都会豁然开朗。

当你做错了一件事，或是遇到挫折时，你是期望你的朋友说一些安慰、鼓励的话，还是希望他们泼冷水呢？也许你会说："这不是废话吗，谁会希望别人泼冷水呢？"可是，当你对别人泼冷水时，可曾注意到别人也有同样的想法？事实上，很多人没有注意到这一点。

美国《读者文摘》上发表过一篇名为《第六枚戒指》的文章，很形象地说明了换位思考给我们的心灵带来的震动。

美国经济大萧条时期，有一位姑娘好不容易找到了一份在高级珠宝店当售货员的工作。在圣诞节的前一天，店里来了一个30岁左右的男性顾客，他衣着破旧，满脸哀愁，用一种不可企及的目光，盯着那些高级首饰。

这时，姑娘去接电话，一不小心把一个碟子碰翻，6枚精美绝伦的戒指落到地上。她慌忙去捡，却只捡到了5枚，第6枚戒指怎么也找不着了。这时，她看到那个30岁左右的男子正向门口走去，顿时意识到戒指被他拿去了。当男子的手将要触及门把手时，她柔声叫道："对不起，先生！"那男子转过身来，两人相视无言，足有几十秒。"什么事？"男人问，脸上的肌肉在抽搐，他再次问："什么事？""先生，这是我头一回工作，现在找个工作很难，想必你也深有体会，是不是？"姑娘神色黯然地说。

男子久久地审视着她，终于一丝微笑浮现在他的脸上。他说："是的，确实如此。但是我能肯定，你在这里会干得不错。我可以为你祝福吗？"他向前一步，把手伸给姑娘。"谢谢你的祝福。"姑娘也伸出手，两只手紧紧地握在一起，姑娘用十分柔和的声音说："我也祝你好运！"

男子转过身，走向门口，姑娘目送他的背影消失在门外，转身走到柜台，把手中的第6枚戒指放回原处。

"己所不欲，勿施于人"的道理更说明这样一个事实，那就是善待别人，也就是善待自己。可以说，任何一种真诚而博大的爱都会在现实中得到应有的回报。在我们换位思考的时候，当我们真诚地考虑到对方的感受和需求而多一份理解和宽容时，意想不到的回报便会悄然而至。

多年以前，在荷兰一个小渔村里，一个勇敢的少年以自己的实际行动使全村人懂得了为他人着想也就是为自己着想的道理。

由于全村的人都以打鱼为生，为了应对突发海难，人们自发组建了一支紧急救援队。

一个漆黑的夜晚，海面上乌云翻滚，狂风怒吼，巨浪掀翻了一艘渔船，船员的生命危在旦夕。他们发出了SOS的求救信号。村里的紧急救援队收到求救信号后，火速召集志愿队员，乘着划艇，冲入了汹涌的海浪中。

全村人都聚集在海边，翘首眺望着云谲波诡的海面，人们都举着一盏提灯，为救援队照亮返回的路。

1小时之后，救援队的划艇终于冲破浓雾，乘风破浪，向岸边驶来。村民们喜出望外，欢呼着跑上前去迎接。

但救援队的队长却告知：由于救援艇容量有限，无法搭载所有遇险人员，无奈只得留下其中的一个人，否则救援艇就会翻覆，那样所有的人都活不了。

刚才还欢欣鼓舞的人们顿时安静了下来，才落下的心又提到了嗓子眼儿，人们又陷入了慌乱与不安中。这时，救援队队长开始组织另一批队员前去搭救那个最后留下来的人。16岁的汉斯自告奋勇地报了名。

但他的母亲忙抓住了他的胳膊，用颤抖的声音说："汉斯，你不要去。10年前，你父亲就是在海难中丧生的，而一个星期前，你的哥哥保罗出了海，可是到现在连一点消息都没有。孩子，你现在是我唯一的依靠了，求求你千万不要去。"

看着母亲那日见憔悴的面容和近乎乞求的眼神，汉斯心头一酸，泪水在眼中直打转，但他强忍住没让它流下来。

"妈妈，我必须去！"他坚定地答道，"妈妈，你想想，如果我们每个人都说：'我不能去，让别人去吧！'那情况将会怎样呢？假如我是那个不幸的人，妈妈，你是不是也希望有人愿意来搭救我呢？妈妈，你让我去吧，这是我的责任。"汉斯张开双臂，紧紧地拥吻了一下他的母亲，然后义无反顾地登上了救援队的划艇，冲入无边无际的黑暗之中。

10分钟过去了，20分钟过去了……1小时过去了。这一小时，对忧心忡忡的汉斯母亲来说，真是太漫长了。终于，救援艇再次冲破迷雾，出现在人们的视野中。岸上的人群再一次沸腾了。

靠近岸边时，汉斯高兴地大声喊道："我们找到他了，队长。请你告诉我妈妈，他就是我的哥哥——保罗。"

这就是人生的报偿。

"己所不欲，勿施于人。"换位思考，就是将自己想要的东西给予别人，自己需要帮助，就给别人帮助；自己需要关心，就给别人以爱心。当我们真心付出时，回报也就随之而来了。

换位思考使自己摆脱窘境

拿破仑入侵俄国期间，有一回，他的部队在一个十分荒凉的小镇上作战。

当时，拿破仑意外地与他的军队脱离，一群俄国士兵盯上了他，在弯曲的街道上追逐着他。在慌忙逃命之中，拿破仑潜入僻巷一个毛皮商的家。当拿破仑气喘吁吁地逃入店内时，他连连哀求那毛皮商："救救我，救救我！快把我藏起来！"

毛皮商就把拿破仑藏到角落的一堆毛皮底下，刚藏好，士兵就冲到了门口，他们大喊："他在哪里？我们看见他跑进来了！"

士兵不顾毛皮商的抗议，把店里给翻得乱七八糟，想找到拿破仑。他们将剑刺入毛皮内，还是没有发现目标。最后，他们只好放弃搜查，悻悻离开。

过了一会儿，当拿破仑的贴身侍卫赶来时，毫发无损的拿破仑才从那堆毛皮下钻出来，这时，毛皮商诚惶诚恐地问拿破仑："阁下，请原谅我冒昧地向您这个伟人问一个问题：刚才您躲在毛皮下时，知道可能面临最后一刻，您能否告诉我，那是什么样的感觉？"

谁都可以想象到，方才的一幕有多么惊心动魄，但是，拿破仑作为一国首领，他无法在自己的士兵面前表现出胆怯，也就无法将自己的感受用语言告诉毛皮商。于是，拿破仑站稳身子，愤怒地回答："你，胆敢对拿破仑皇帝问这样的问题？卫兵，将这个不知好歹的家伙给我推出去，蒙住眼睛，毙了他！我，本人，将亲自下达枪决令！"

卫兵捉住那可怜的毛皮商，将他拖到外面面壁而立。

被蒙上双眼的毛皮商看不见任何东西，但是他可以听到卫兵的动静，当卫兵们排成一列，举枪准备射击时，毛皮商甚至可以听见自己的衣服在冷风中簌簌作响。他感觉到寒风正吹着他的衣襟、冷却他的脸颊，他的双腿不由自主地颤抖着，接着，他听见拿破仑清清喉咙，慢慢地喊着："预备——瞄准——"那一刻，毛皮商知道这一切都将永远离他而去，而眼泪流到脸颊时，一股难以形容的感觉自他身上涌出。

经过一段漫长的死寂，毛皮商人忽然听到有脚步声靠近他，他的眼罩被解了下来——突如其来的阳光使得他视觉半盲，他还是感觉到拿破仑的目光深深又故意地刺进他的眼睛，似乎想洞察他灵魂里的每一个角落，后来，他听见拿破仑轻柔地说："现在，你知道了吧？"

换位思考，要求我们在僵局出现时，把角色"互换"一下，这样，就很可能轻松打破僵局，为自己争取主动。让对方坐在自己的椅子上，对事物之间的位置关系进行互换，就能让对方理解自己的感受。

用放大镜看人优点，用显微镜看人缺点

在现实生活中，不难发现很多人因为一些磕磕碰碰便和他人吵架斗嘴，甚至大打出手。很多人甚至认为，对于别人的冒犯就应该"以牙还牙，以血还血"。他们容不得别人对自己有一丁点儿侵犯。在与他人交往的过程中，他们把别人身上的缺点无限

扩大，动不动就责怪他人。对别人身上的优点呢？则以"这有什么了不起"为由对其嗤之以鼻。这种现象其实是非常可悲的。因为当一个人以刻薄小气的胸襟为人处世时，他绝不可能有什么出息。一个用"显微镜看人优点，放大镜看人缺点"的人，绝对不会获得美好的友谊和得到别人的帮助。

在生活中，我们要善于发现别人身上的优点而不是缺点，努力学习别人的优点，这才是正确的行为。也只有以这种"用放大镜看人优点，用显微镜看人缺点"的心态，才能拥有宽广的胸襟，才能赢得别人的敬重和取得成功。

蔡元培就是一个有着博大胸襟的人。在他担任北京大学校长时，有两个"另类"的教授。一个是持复辟论和主张一夫多妻制的辜鸿铭。辜鸿铭当时应蔡元培之邀来讲授英国文学。辜鸿铭的学问十分宽广而庞杂，他上课时，竟带一童仆为之装烟、倒茶，他自己则是一会儿吸烟，一会儿喝茶，学生焦急地等着他上课，他也不管，"摆架子，玩臭格"成了当时一些北大学生对辜鸿铭的印象。很快，就有人把这事反映到蔡元培那儿。然而蔡元培并不生气。他对前来反映情况的人解释说："辜鸿铭是通晓中西学问和多种外国语言的难得人才，他上课时展现的陋习固然不好，但这并不会给他的教授工作带来实质性的损害，所以他生活中的这些习惯我们应该宽容不较。"一段时间后，再也没有人来告状了，因为辜鸿铭的课堂里挤满了北大的学子。很多学生为他渊博的知识、学贯中西的见解而折服。辜鸿铭讲课从来不拘一格，天马行空的方式更是大受学生欢迎。

另一个则是受蔡元培的聘请，教中国古代文学的刘师培。据冯友兰、周作人等人回忆，刘师培给学生上课时，"既不带书，也不带卡片，随便谈起来"，且他的"字写得实在可怕，几乎像小孩描红相似，而且不讲笔顺""所以简直不成字样"，这种情况很快也被一些学生、老师反映到蔡元培那儿。然而蔡元培却微微一笑，说："刘师培讲课带不带书都一样啊，书都在他脑袋里装着，至于写字不好也没什么大碍啊。"后来学生们发现刘师培讲课"头头是道，援引资料，都是随口背诵"，而且文章没有做不好的。

从蔡元培对辜鸿铭和刘师培两位教授的处理方法，可见蔡元培量用人才的胸怀是何等求实、豁达而又准确。他对师生的个性尊重与宽容。为了实现改革北大的办学理想，迅速壮大北大实力，他极善于抓住主要矛盾和解决问题的关键，把尊重人才个性选择与用人所长理智地结合起来。他曾精辟地解释道："对于教员，以学诣为主。在校讲授，以无悖于第一种之主张（循思想自由原则，取兼容并包主义）为界限。其在校外之言动，悉听自由，本校从不过问，亦不能代负责任。夫人才至为难得，若求全责备，则学校殆难成立。"

正是这种博大的胸襟，使蔡元培能够发现真正的人才，也使当时的北京大学有了长足的发展。美国著名的人际关系学家卡耐基和许多人都是朋友，其中包括若干被认为是孤僻、不好接近的人。有人很奇怪地问卡耐基："我真搞不懂，你怎么能忍受那些老怪物呢？他们的生活与我们的一点儿都不一样。"卡耐基回答道："他们的本性和我们是一样的，只是生活细节上难以一致罢了。但是，我们为什么要戴着放大镜去看这些细枝末节呢？难道一个不喜欢笑的人，他的过错就比一个受人欢迎的夸夸其谈者更大吗？只要他们是好人，我们就不必如此苛求小处。"

在现实生活中，我们应该学会以一种大胸襟来对待别人的缺点和过错。学会"容人之长"，因为人各有所长，取人之长补己之短，才能相互促进，学习才能进步；学会"容人之短"，因为金无足赤，人无完人。人的短处是客观存在的，容不得别人的短处就只会成为"孤家寡人"；学会"容人之过"，因为"人非圣贤，孰能无过"。历史上凡是有所作为的伟人，都能容人之过。

朋友们，当我们拥有"以放大镜看人优点，以显微镜看人缺点"的大胸襟时，我们便拥有了众多的朋友，拥有了无尽的帮助，也拥有了通向成功的门票。

苛求他人，等于孤立自己

每个人都有可取的地方，也有不足的地方。与人相处，如果总是苛求十全十美，那么永远也交不到真心的朋友。在这一点上，曾国藩有自己的见解，他说过："盖天下无无瑕之才，无隙之交。大过改之，微瑕涵之，则可。"意思是说，天下没有一点儿缺点也没有的人，没有一点儿隔阂也没有的朋友。有了大的错误，要能够改正，剩下小的缺陷，人们给予包容，就可以了。为此，曾国藩总是能够宽容别人，谅解别人。

当年，曾国藩在长沙读书，有一位同学性情暴躁，对人很不友善。因为曾国藩的书桌是靠近窗户的，他就说："教室里的光线都是从窗户射进来的，你的桌子放在了窗前，把光线挡住了，这让我们怎么读书？"他命令曾国藩把桌子搬开。曾国藩也不与他争辩，搬着书桌就去了角落里。曾国藩喜欢夜读，每每到了深夜，还在用功。那位同学又看不惯了："这么晚了还不睡觉，打扰别人的休息，别人第二天怎么上课啊？"曾国藩听了，不敢大声朗诵了，只在心里默读。一段时间之后，曾国藩中了举人，那人听了，就说："他把桌子搬到了角落，也把原本属于我的风水带去了角落，他是沾了我的光才考中举人的。"别人听他这么一说，都为曾国藩鸣不平，觉得那个同学欺人太甚。可是曾国藩毫不在意，还安慰别人说："他就是那样子的人，就让他说吧，我们不要与他计较。"

凡是成大事者，都有广阔的胸襟。他们在与别人相处的时候，不会计较别人的短处，而是以一颗平常心看待别人的长处，从中看到别人的优点，弥补自己的不足。如果眼睛只能看到别人的短处，那么这个人的眼里就只有不好和缺陷，而看不到别人美好的一面。生活中，每个人都可能会跟别人发生矛盾。如果一味地跟别人计较，就可能浪费自己很多精力。与其把自己的时间浪费在一些鸡毛蒜皮的小事上，不如放开胸怀，给别人一次机会，也可以让自己有更多的精力去做更多有意义的事情。

　　一位在山中茅屋修行的禅师，有一天趁月色到林中散步，在皎洁的月光下，突然开悟。他喜悦地走回住处，看到自己的茅屋有小偷光顾。找不到任何财物的小偷要离开的时候在门口遇见了禅师。原来，禅师怕惊动小偷，一直站在门口等待。他知道小偷一定找不到任何值钱的东西，就把自己的外衣脱掉拿在手上。小偷遇见禅师，正感到惊愕的时候，禅师说："你走那么远的山路来探望我，总不能让你空手而回呀！夜凉了，你带着这件衣服走吧！"说着，就把衣服披在小偷身上，小偷不知所措，低着头溜走了。禅师看着小偷的背影穿过明亮的月光消失在山林之中，不禁感慨地说："可怜的人呀！但愿我能送一轮明月给他。"禅师目送小偷走了以后，回到茅屋赤身打坐，他看着窗外的明月，进入空境。第二天，他睁开眼睛，看到他披在小偷身上的外衣被整齐地叠好，放在了门口。禅师非常高兴，喃喃地说："我终于送了他一轮明月！"

　　面对盗贼，禅师既没有责骂，也没有告官，而是以宽容的心原谅了他，禅师的宽容和原谅终于换得了小偷的醒悟。可见，宽容比强硬的反抗更具有感召力。可是，我们与别人发生矛盾时，总想着与别人争出高低来，却往往因为说话的态度不好，使得两个人吵起来，甚至大打出手。其实，牙齿哪有不碰到舌头的。很多事情忍耐一下，也就过去了。有些矛盾的产生，别人也不一定是故意的，我们对他包容，他可能会主动认识到错误，这样也给自己减少了很多麻烦。

第五章

职场生存，
笑到最后的人想得不一样

努力很重要，借力更重要

俗话说："一个篱笆三个桩，一个好汉三个帮。"还有句古话说得好："三个臭皮匠，顶个诸葛亮。"个体不同，就各有各的优势和长处，所以一定要善于发现别人的优势和长处，借人之力，成己之事。

一个人不能单凭自己的力量完成所有的任务，战胜所有的困难，解决所有的问题。须知借人之力也可成事。善于借助他人的力量，既是一种技巧，又是一种智慧。

《圣经》中有这样一则故事。当摩西率领以色列子孙们前往上帝那里要求赠予他们领地时，他的岳父叶忒罗发现，摩西的工作实在超过他所能负荷的，如果他一直这样的话，不仅仅是他自己，大家都会有苦头吃。于是，叶忒罗就想办法帮助摩西解决问题。他告诉摩西，将这群人分成几组，每组 1000 人；然后再将每组分成 10 个小组，每组 100 人；再将 100 人分成 2 组，每组 50 人；最后，再将 50 人分成 5 组，每组 10 个人。然后叶忒罗告诫摩西，让他每一组选出一位首领，而且这个首领必须负责解决本组成员所遇到的任何问题。摩西接受了建议，并吩咐负责 1000 人的首领，只有他们才能将那些无法解决的问题告诉自己。自从摩西听从了叶忒罗的建议后，他就有足够的时间来处理那些真正重要的问题，而这些问题大多数只有他自己才能够解决。简单一点说，叶忒罗教给摩西的，其实就是要善于利用别人的智慧，善于调动集体的智慧，用别人的力量帮助自己克服难题。

很多事情就是这样，当我们无力去完成一件事时不妨向身边可以信任的人求助，也许对我们来说费力不讨好的事情，对他们来说却可以不费吹灰之力就能轻松搞定。与其自己苦苦追寻而不得，不如将视线转移，向那些有能力解决问题的人寻求帮助。

所谓孤掌难鸣，独木不成林。在这个世界上没有完美的人，你不完美，他不完美，但如果你们可以完美地结合在一起，就能取得意想不到的成果。我们时常看到有些没有血缘关系的人，结成亲兄弟般的友谊，互相帮助、互相提携。

一个人，无论在工作、事业还是生活中，都离不开这种人与人之间的相互帮助和合作。因为各人的能力有限，以及人际关系有所不同，而必须相互帮助。

一个人在社会中，如果没有他人的帮助，他的境况会十分糟糕。普通人如此，一个成就大事业的人更是如此。如果失去了他人的帮助而不能借他人之力，任何事业都无从谈起。

善于借助别人的力量，善于利用别人的智慧，广泛地接受大家的意见，多和不同的人聊聊自己的构想，多倾听别人的想法，多用点脑子来观察周遭的事物，多静下心来思考周遭发生的一些现象，将让你受益匪浅。

没有低调的历练，哪来一飞冲天

现实中，很多人把利益看得太重，把自己看得太重。比如在找工作时，他提出的工资是 3000 元，但是根据他的能力，你只能给他 2800 元，这个人就毫不犹豫地走人了。

毋庸置疑，这个社会上，谁都想被别人看好，谁都想拿高薪居高位。然而，要想充分被人认可，没有足够的资本和后劲是不可能"梦想成真"的。

所以，在找工作时，我们要清楚，薪水只是一方面，关键是这份工作能不能历练自己。

如果这份工作能历练自己，即使工资少，我们也要踏踏实实干。要知道，没有"背后"和"台下"的低调历练，我们便不会"一飞冲天""一鸣惊人"。

有一家非常有名的中外合资公司，前往求职的人如过江之鲫，但其用人条件极为苛刻，有幸被录用的比例很小。那年，从某名牌高校毕业的小李，非常渴望进入该公司。于是，他给公司总经理寄去一封短信。很快他就被录用了，原来打动该公司老总的不是他的学历，而是他那特别的求职条件——请求随便给他安排一份工作，无论多苦多累，他只拿做同样工作的其他员工五分之四的薪水，但保证工作做得比别人出色。

进入公司后，他果然干得很出色，公司主动提出给他满薪，他却始终坚持最初的承诺，比做同样工作的员工少拿五分之一的薪水。

后来，因受所隶属的集团经营决策失误影响，公司要裁减部分员工，很多人失业了，小李非但没有下岗，反而被提升为部门的经理。这时，他仍主动提出少拿五分之一的薪水，但他工作依然兢兢业业，是公司业绩最突出的部门经理。

后来，公司准备给他升职，并明确表示不让他再少拿一分薪水，还允诺给他相当诱人的奖金。面对如此优厚的待遇，他没有受宠若惊，反而出人意料地提出了辞职，转而加盟了各方面条件均很一般的另一家公司。

很快，他就凭着自己非凡的经营才干，赢得了新加盟公司上下的一致信赖，被推选为公司总经理，当之无愧地拿到一份远远高于那家合资公司的报酬。

当有人追问他当年为何坚持少拿五分之一的薪水时，他微笑道："其实我并没有少拿一分的薪水，我只不过是先付了一点儿学费而已，我今天的成功，很大程度上取决于在那家公司里学到的经验……"

故事中，小李首先让自己忘记名牌大学毕业生的身份，从最普通的员工做起；其次，小李不为利益所困，自愿比别人少拿工资，并把自己少拿的工资看成学费；最后，小李凭借多年的历练拿到了更高的薪水。

可见，高标必须以低调为基点，这好比弹簧，压得越低则弹得越高，只有安于低调，乐于低调，在低调中蓄养势力，才能获得更大的发展。小李的经历也正好说明了这一点：他通过自降身价来获取经验，当他的翅膀足够强硬时，他便毫不迟疑地为自己找到了更高更精彩的人生舞台。

懂得退一步，才能进十步

退让不是让你妄自菲薄，压抑自己，埋没自己。忘了自己需要你拥有豁达的胸怀和冷静的思考，在工作面前保持清醒状态。不过分地注重外在的结果，在竞争激烈的职场中，寻找低调、平和的自己。

适时的退让是非常必要的，这对争取到最后的胜利绝对有益无害。要知道，谁笑到最后，谁才能笑得最好。以"退"的方式来达到"进"的目的，可以说是一个独辟蹊径的成功方法。

俗话说：退一步路更宽。实际上，退是另一种方式的进，而防守也是另一种形式的进攻。暂时退却，忍住一时的欲望，将你内心涌动的志向之火悄悄隐藏，养精蓄锐，鼓足力量，后退后的前进将是更快、更有效、更有力的。有时，通往成功的路，便是这样一条曲折之路，但踏上这条路你就绝对不会撞得头破血流。

欲速则不达，退一步才能进十步，就是这个道理。

　　一位计算机博士学成后开始找工作，因为有个吓人的博士头衔，一般的用人单位不敢录用他，而经验的缺乏又让很多知名企业对他抱有怀疑态度。在严峻的就业形势下，他发现自己的高学历竟然成了累赘。思索再三，他决定收起所有的学位证，以最低的身份进入职场，去获取自己目前最需要的财富——经验。

　　不久，他就被一家公司录用为程序输入员，这种初级工作对拥有博士学位的他来说简直是种"侮辱"，但他并没有敷衍了事，反倒仔仔细细、一丝不苟地工作起来。一次，他指出了程序中的一个重大错误，为公司挽回了损失，老板对他进行了特别嘉奖。这时，他拿出了自己的学士证书，于是，他得到了一个与大学毕业生相称的工作。

　　这对他是个很大的鼓励，他更加用心地工作，不久便出色地完成了几个项目，在老板欣赏的目光中，他又拿出了自己的硕士证书，为自己赢得了又一次提升的机会。

　　爱才惜才的老板对他产生了浓厚的兴趣，开始悉心地观察他，注意他的成长。当他又一次提出一些改善公司经营状况的建议时，老板和他进行了一次私人谈话。看着他的博士证书，老板笑了。他终于得到了理想中的那个职位，尽管有些曲折，但他却觉得从最低处开始努力的整个过程都很有意义。

　　这位博士以退为进，先将自己放在一个极低的水平线上，然后踏踏实实地奋斗，为自己积蓄内在资本。"真金不怕火炼"，他在平凡的岗位上显示出了光彩，被慧眼识英的老板委以重用。在目标不可能一蹴而就的时候，他选择了暂时的"退"，为自己赢得了另一个事业起步的机会。

一个人只有深谙进退之道，知道审时度势，才能明确自己的处境，从而知进识退，进退有节，挥洒自如，才能在激烈的社会竞争中立于不败之地。

生活的智者们不会在形势不利于自己的时候去硬拼硬打，那样无异于以卵击石，自寻死路；也有可能两败俱伤，损失惨重。在这种时候，他们会先"退一步"，以求打破僵局，为自己积蓄力量赢得机会，从而可以"前进十步"。

他们总能分清不同的场合，进而采取不同的处事态度。当自己处于弱势时，只有采取以退为进的方针，才能避开强者的锋芒，保存自己的实力。等到有朝一日羽翼丰满时，再表明自己的主张和态度，这时候，他们就是真正的强者了。

做人要低调一点

现代企业竞争越来越激烈，人人都想变成企业的尖兵，可很多时候，最优秀的那个并不是最受欢迎的那个。一个人往往有了成绩却失了人际。

为什么？因为嫉妒。正所谓"不遭人嫉是庸才，常遭人嫉是蠢材"，我们要想在"人际"与"成绩"之间游刃有余，就必须让自己学会低调，少点"自我"。

若兰是一个非常优秀的职员，业绩出众，但是有一次与朋友聊天的时候，她却说道："哎呀，你不知道，我在单位快都闷死了。他们都不理我，都不跟我玩，我像个孤魂野鬼，成天形单影只的。"

"你怎么得罪他们了，他们为什么不理你啊？"

"她们嫉妒我呗！没有能力、只知道背后暗算别人的小人。"若兰恨恨地说道。

"嫉妒？是你太突出了吗？"

"大半年来我的业绩在部门里一直是最好的，根本没有人能与我抗衡。再难缠的客户只要到了我手里，保管能搞定。"若兰说这些的时候，眼里闪着得意的光芒。

"我明白了，正是因为你太优秀、太出色了，让你的同事感觉到了压力，所以他们联合起来孤立你。那你们领导应该很喜欢你啊，业绩这么好。"

"刚开始的时候，他们是挺高兴的，对我也很客气，像捡到宝了。现在也冷淡下来了，说我不团结同事。真是荒谬，他们嫉妒我，我还怎么跟他们团结啊？"若兰委屈地说。

身在职场，每个人都想通过自己的努力取得成绩，得到别人的认同和肯定。能成为业绩冠军是能力的一种体现，而能长期独占业绩榜的第一名，更是能力了得。

这本来是很好的事情，有业绩公司受益嘛，公司效益好，全体员工也受益。但在若兰的故事中，长期的骄人业绩反而成了她与同事交往的极大障碍，甚至最终令她失去了领导的支持。这对她的职业生涯来说无疑是个巨大的障碍，对她的心理也造成了一定的伤害。

为什么好事最后却带来伤害和阻碍呢？这是因为同在一个办公室里办公，大家能够支配的资源一样，如果你比其他的同事干得好，自然会给别人造成一定的压力。

毕竟，同事之间在很大程度上是一种竞争关系，如果你太能干，别人在你的光环下就会显得暗淡。谁不想表现，谁不想被注视呢？但是，因为有了你的存在，因为你超强的业务能力，他们只能屈居第二；也因为有了你的存在，老板对他们的关注骤然减少，甚至很少过问，因为老板的全部心思都在你这里，你成了老板跟前的红人。

面对一个将自己处境改变了的对手，一个强劲得很难超越的对手，他们怎么能不嫉妒呢？于是，这种嫉妒最后就会以冷暴力的形式表现出来。这种方式既能让你感到难受，又不会给他们自己带来任何利益和形象上的伤害。

或许很多人要问了，取得好的工作业绩也是必须的啊，毕竟老板是以业绩来决定一个人的去留和晋升的。不错，业绩很重要，但人际关系同样重要。那我们到底该如何平衡业绩与人际关系呢？怎样避免像若兰这样出了业绩、没了人缘的情况发生呢？

以下两点需要我们注意。

（1）做人低调一些，态度要谦虚。能在工作中取得一定的成绩，当然与自己的努力和才能分不开，但是因此沾沾自喜、恃才傲物是不可取的。如果你表现出得意扬扬的样子，一副志得意满的姿态，其他同事看到之后自然心生不快。但是如果你态度谦虚，不吹嘘自己，不显山、不露水，待人友好诚恳，尽量不在业绩上作比较，克制自己的优越感，那么你就不会被孤立起来。

（2）尽力帮助同事，态度要诚恳。"一个篱笆三个桩，一个好汉三个帮。"谁都会遇到自己克服不了的困难，当同事有困难而你又有能力帮助他的时候，及时伸出你的援助之手。"君子成人之美"，成全别人、帮助别人的同时也是在成全和帮助自己。千万不要以为帮助别人就会让自己失去机会，恰恰相反，好的人际关系给你带来的机会和收获远远大于一个人单打独斗所创造的价值。

人人都渴望优秀。在职场上，你可以优秀，但要懂得谦虚，并且适时地去帮助别人，只有这样，你才能做到既有成绩又有人际。

不怕被"利用"，就怕你没用

相信很多人都有一段"蘑菇"经历，这不是什么坏事，当"蘑菇"，能够消除很多不切实际的幻想，使我们尽快成熟起来。

工作不分贵贱，态度却有尊卑，任何一份工作都包含成长的机遇，任何一份工作都有可以学习的东西。一个成功者不会错过任何一个学习的机会，即使是在店里扫地的时候，他也会观察老板是怎样和客人们打交道的，他们总是在观察、学习、总结。也正是这种蛰伏的智慧，使很多人在经历"蘑菇"岁月后脱颖而出，成为同辈中的佼佼者。

小刘刚进公司的时候，公司正提倡"博士下乡，下到生产一线去实习、去锻炼"。实习结束后，领导安排他从事电磁元件的工作。堂堂的电力电子专业博士理应做一些大项目，不想却坐了冷板凳，小刘实在有些想不通。

想法归想法，工作还要进行。就在小刘接手电磁元件的工作后不久，公司出现电源产品不稳定的现象，结果造成许多系统瘫痪，给客户和公司造成了巨大损失，受此影响公司失去了5000万以上的订单。在这种严峻的形势下，研发部领导把解决该电磁元件故障问题的重任，交给了刚进公司不到3个月的小刘。

在工程部领导和同事的支持与帮助下，小刘经过多次反复实验，逐渐厘清了设计思路。又经过60天的日夜奋战，小刘硬是把电磁元件这块"硬骨头"啃下来了，使该电磁元件的市场故障率从18%降为零，而且每年节约成本110万元。现在，公司所有的电源系统都采用这种电磁元件，时过近两年，再未出现任何故障。

这之后，小刘又在基层实践中主动、自觉地优化设计和改进了100A的主变压器，使每个变压器的成本由原来的750元降为 350 元，每年为公司节约成本 250 万元，并为公司的产品战略决策提供了依据。

小小的电磁元件这件事对小刘的触动特别大，他不无感慨地说道："貌似渺小的电磁元件，大家没有去重视，结果我这样起初'气吞山河'似的'英雄'在其面前也屡次受挫、饱受煎熬，坐了两个月冷板凳之后，才将这件小事搞透。现在看起来，之所以出现故障，不就是因为绕线太细、匝数太多了吗？把绕线加粗、匝数减少不就行了？而我们往往一开始就只想干大事，看不起小事，结果是小事不愿干，大事也干不好，最后只能是大家在这些小事面前束手无策、慌了手脚。电磁元件虽小，里面却有大学问。更重要的是它是我们电源产品的核心部件，其作用举足轻重，非得要潜下心、冷静下来，否则就不能将貌似小小的电磁元件弄透、搞明白。做大事，必先从小事做起，先坐冷板凳。否则，在我们成长与发展的道路上就要做夹生饭。现在看来，当初领导让我做小事、坐冷板凳是对的，而自己能够坚持下来也是对的。有许多研究学术的、搞创作的，吃亏在耐不住寂寞，总是怕别人忘记了他。耐不住寂寞，就不能深入地做学问，不能勤学苦练。他不知道耐得住寂寞，才能不寂寞。耐不住寂寞，偏偏寂寞。"

小刘的这段话适合于各行各业的各类人员，凡想获得成功的人，都应该沉住气。先学会耐得住"蘑菇"时期的寂寞，学会坐冷板凳，学会做小事，然后才能做大事，才能取得更大的成绩。

老子说："轻则失本，躁则失君。"职场永远不会有一步登天的事情发生，不管你的能力有多强，你都必须沉得住气，从最基础的工作做起。研究成功人士的经历就会发现，他们并不是一开始就"高人一等"、风光十足的，他们也有过艰难曲折的"爬行"经历，然而他们却能够端正心态、沉下心来，不妄自菲薄，不怨天尤人。他们能够忍受"低微卑贱"的经历，并在低微中养精蓄锐、奋发图强，而后才攀上人生的巅峰，享受世人的尊崇。试想，若不是当年的"低人一等"，哪里会有后来的"高人一等"呢？

因此，对于大多数人来说，刚参加工作时必须消除不现实的幻想，我们应该认识到，没有任何工作是卑微并且不需要辛勤努力的。年轻人应该磨去棱角，适应社会，不断充电，提升能力，要知道，无论多么优秀的人才，步入社会时都只能从最基础的事情做起。一个人，只有放下架子，沉得住气，打牢根基，才能在日后有所作为。

成功属于沉得住气的人

有道是"世上无难事，只怕有心人"，成功只属于沉得住气、不懈努力的人，那些投机取巧、三心二意之人，看似精明，就算曾经风光一时，也由于缺乏脚踏实地的务实态度和坚定不移的执着精神，而难以在事业上有所建树，充其量，他们只能是小打小闹的投机者，而难以成为大功业者。

电视剧《士兵突击》中，许三多是众人眼里彻头彻尾的"傻子"。

他没有史今的温柔，没有伍六一的骄傲，没有高城的顽皮可爱，更别说吴哲、齐桓殷实的家境和袁朗的智慧。他甚至连同乡成才的积极进取都没有。可是，就是这样一个看起来毫无魅力可言的人，深深地感染了电视机前的观众。

"我这俩老乡，一个精得像鬼，一个笨得像猪。"伍六一的这句话把成才和许三多的特点概括得精准到位。看似精明的成才兜里总是揣着3盒烟，如白铁军所说："你老乡不地道，揣了3盒烟，10块的红塔山是给排长、连长的，5块的红河是给班长、班副的，1块的春城是专门给我们这些战友的。"

为了自己的前途，成才抛弃了尚在困境的钢七连，成为钢七连史上唯一的跳槽者；他赢得了比赛，如愿进入了老A，却被袁朗一眼看透，最终与老A无缘！

相比之下，许三多的质朴、坦诚、认真、老实、善良、执着一次次感动着周围的人，一次次让人们对他刮目相看，一次次证明了"机会永远留给有准备的人"这句话。

许三多的"傻"是真傻吗？比起那些自以为聪明的人，他确实傻得很，他不会投机取巧，溜须拍马，看风使舵，随波逐流，更谈不上深谋远虑，然而他却有着自己的人生信念——为了做那些"有意义的事情"，他在困难面前不低头，在孤独面前不退缩，在强敌面前不胆怯，在名利面前不浮躁……

他的成功，绝对不是"傻人有傻福"的成功，而是一种世界观和价值取向的成功：成功在于坚持，沉住气。任何成绩的取得、事业的成就，都源于人们不懈的努力以及务实、执着的探索追求，而心猿意马、浅尝辄止、投机钻营，则只能拥有昙花一现的虚荣及"竹篮打水"的庸碌。

认真工作、低调务实是真正的聪明，而那些行动不坚决、只说不做的人才是真正的傻子。一分耕耘，一分收获，那些看似有点"傻气"的对目标坚定不移者，反而因为比别人多一些沉着和历练，而最终成功。

张伯苓认为，"傻子"精神就是诚实、实事求是、坦荡正直，不虚诈掩饰。职场中，很多人在问：我们究竟为了什么工作？我们工作这么辛苦究竟是为了什么？既然是为别人打工，何必这么投入地工作，不如敷衍了事、得过且过……职场中经常有人觉得认真工作实在是一种"吃亏"的举动，踏实工作的"老黄牛"是人们嘲笑的对象。事实上，认真工作才是真正的明智之举。一个人工作认真、不投机取巧、沉静务实，最大的受益者还是自己，一分耕耘，一分收获。沉住气，把工作真正做好做到位了，能力提升了，业绩上去了，成功自然也就水到渠成了。

荀子说："积土成山，风雨兴焉；积水成渊，蛟龙生焉；积善成德，而神明自得，圣心备焉。故不积跬步，无以至千里；不积小流，无以成江海。骐骥一跃，不能十步；驽马十驾，功在不舍。"成功是一个不断积累的过程，一个人要想成器，必须具备心无旁骛、锲而不舍的专注精神，如若采取浅尝辄止的态度，就只能获得平庸的结果。

不按常理出牌，将胜券抓在手中

在博弈中，大部分人是保持着理性的，当一方采取某种攻击策略时，另一方也经过不断推测，作出最好、最理性的回应，也就是说，这种博弈是完全按照章法来进行的。在这样的博弈中，因为对方能摸清你的出牌套路，所以，你输的可能性就比较大。但此时，如果采取随机策略，让他摸不清你的行动规律，便可巧妙地战胜强大的对手。

唐朝末年，安禄山起兵造反，派遣叛将令狐潮率重兵包围了雍丘（今河南杞县）。为了保卫雍丘，守将张巡留1万人守城，自己带领1000精兵，打开城门冲出。张巡身先士卒，冲进敌阵猛砍，士兵个个奋勇杀敌。叛军做梦也没想到张巡敢冲出城，被杀得人仰马翻。

为了尽早攻下雍丘，令狐潮于第二天指挥士兵架起云梯登城作战。张巡率领士兵把用油浸过的草捆点着后抛下城去,登城的叛军被烧得焦头烂额,非死即伤。此后60多天里,只要一有机会,张巡就突然出兵攻击,打得叛军不知如何应对。

在与叛军作战的过程中,张巡用计夺取了叛军的大量粮食和盐,但粮盐虽足,城中箭矢却已消耗得差不多了。张巡让士兵扎了许多草人,给它们穿上黑衣。当夜月色朦胧,张巡命令士兵用绳子把草人陆陆续续地缒下城去。城外叛军见这么多人缒城而下,纷纷射箭,一时间箭如飞蝗。射了半天,叛军发觉不对劲,因为他们始终没听到一声喊叫声,又发现这一批刚拉上城去,那一批又缒下来,始觉中计。派人前去探查以后,他们方知所射的都是草人。在他们大呼上当之时,张巡已收获1万多支箭矢。

为了储备足够的箭矢,第二天深夜,张巡又把外罩黑衣、内穿甲胄的草人从城上放下去。叛军发现,乱射了一阵,发现又是草人。以后每天夜里,张巡都是如此,城外叛军渐渐知道是计,也不再拿箭去射。这时,张巡决定发起总攻。这一日,张巡趁夜色把500名勇士缒下城去,勇士们奋勇冲进敌营。叛军一点准备也没有,立时大乱。接着,叛军的营房四处起火,混乱中也不知来了多少官军。最后,张巡率军直追杀出10余里,大获全胜。

故事中,叛军刚开始发现用箭射的都是稻草人,以后当从城墙上缒下东西,仍用箭去射是对的,但后来上当的次数多了,他们就以为再次缒下来的肯定还是稻草人,结果张巡就缒下真人将他们杀得落花流水。张巡采用的这种方法就是博弈论中的随机策略。所谓随机策略，就是说博弈参与者应用随机方法来决定所选择的策略。

民间很早就有"乱拳打死老师傅"的说法，说的是一位学艺归来的拳师，与老婆发生了争执。老婆摩拳擦掌，跃跃欲试。拳师心想："我学武已成，难道还怕你不成？"没承想尚未摆好架势，老婆已经张牙舞爪地冲上来，三下五除二，竟将他打得鼻青脸肿，没有还手之力。事后别人问他："既然学武已成，为何还败在老婆手下？"拳师说："她不按招式出拳，我怎么招架？"这与随机策略其实是一回事。

就跟打牌一样，在不按照章法出牌的时候，别人便摸不清你的套路，就无法有针对性地出牌，这样我们就能增加胜利的概率了。

绕开从众误区，不走寻常路

在社会上，那些成功的机会以及可以助我们成功的资源，都是有限的，只有少数人能拥有，因此，要想在多人博弈中取胜，就必须绕开从众的误区，走与众不同的路。

有一个衣衫褴褛的少年来到一栋摩天大楼的工地，向衣着华丽的承包商请教："我应该怎么做，长大后才能跟你一样？"

承包商看了少年一眼，对他说："我给你讲一个故事吧。有3个工人在同一个工地上工作，3个人都一样努力，只不过其中一个人始终没有穿工地发的蓝制服。最后，第一个工人现在成了工头，第二个工人已经退休，而那个没穿工地制服的工人则成了建筑公司的老板。年轻人，现在明白了吗？"

　　少年满脸疑惑，听得一头雾水，于是承包商继续指着前面那批正在工作的工人对少年说："看到那些人了吗？他们全都是我的工人。但是，那么多的人，我根本没办法记住每一个人的名字，有些人甚至连长相都没印象。但是，你看他们之中那个穿红色衬衫的人，就因为他穿得与众不同，我才发现他不但比别人更卖力，而且每天最早上班，也最晚下班，我过几天就要过去找他，升他当监工。年轻人，我就是这样成功的，除了卖力工作，表现得比其他人更好之外，我还懂得如何让自己与众不同以获取机会。"

　　用与众不同的方法为自己赢得成功的机会，这种策略在博弈论中还有一个专业名词叫"少数者策略"。

　　我们可以来假设这样一种情景。一天晚上，你参加一个聚会，屋子里有许多人，你们玩得很开心。就在这时候，屋里面突然失火，火势很大，一时无法扑灭。这间房子有两个门，你必须从它们之间选择一个逃出屋外才能保住性命。但问题是，此时所有的人都和你一样争相逃生，他们也必须抢着从这两个门逃到屋外。如果你选择的门是很多人选择的，那么你将因人多拥挤冲不出去而被烧死；如果你选择的是较少人选择的，那么你将逃出生天。

在社会上，那些成功的机会以及可以助我们成功的资源，都如同上面那个可以帮我们逃生的门一样，都是有限的，只有少数人才能拥有，因此，我们要想在多人博弈中取胜，就必须绕开从众误区，走与众不同的路。在生活中，我们也可以发现，往往是那些与众不同的少数人，能够改变命运。

一条大街上，排列着十几家餐馆，大部分的餐馆无论是格局还是服务给人的感觉都差不多，但有一家小餐馆却与别家不同，不但餐馆的外墙刷了与众不同的浅绿色，服务也与众不同。这里的老板与员工招呼客人、点菜、报菜名，感觉完全就是说笑话、讲评书，而且每道很普通的菜都有一个很另类的"雅号"。

比如有8位客人刚走到门口，负责招呼客人的员工就扯起嗓子大吼："英雄八位，雅座伺候！"点菜时，客人点两个卤兔脑壳，员工转身对厨房喊："来两个'帅哥'！"客人点"猪拱嘴"，到员工那里就成了"相亲相爱"。这些别致的另类菜名，让来店里吃饭的各路"英雄"莫不捧腹、喷饭！因此，客人在这里吃饭、喝酒，完全是一种精神享受。

当客人们酒过三巡之后，店家免费给每桌"英雄"送一份"迟来的爱"——一盘普通的泡菜！客人酒足饭饱之后，还会给每桌的"英雄"奉送几根"抠门"——牙签！

就是因为有这么多的与众不同，这家餐馆的生意一直都出奇地火爆。

　　上面这个故事，是不是与之前的两个故事有异曲同工之妙呢？所谓事有必至，理有固然。我们在探索成功者的策略时，往往都能从中发现一些共同的规律，"绕开从众的误区，走与众不同之路"，只不过是其中之一罢了。

第六章

生意好不好，思路比努力更重要

学会像成功者一样思考

1991 年 9 月，京都龙衣凤裙集团公司的总经理金娜娇代表新街服装集团公司在上海举行了隆重的新闻发布会。在返回南昌的列车上，和同车乘客的闲聊使金娜娇得知，清朝末年一位员外的夫人有一身衣裙，分别用白色和天蓝色真丝缝制，白色衣服上绣了 100 条大小不同、形态各异的金龙，长裙上则绣了 100 只色彩绚烂、展翅欲飞的凤凰，被称为"龙衣凤裙"。而员外夫人依然健在，那套龙衣凤裙仍被珍藏着。虚心请教一番后，金娜娇得到了员外夫人的住址。

金娜娇得到这条信息后，马上改变了返程的主意，立刻找到那位年近百岁的老夫人。作为时装专家，当金娜娇看到那套色泽艳丽、精工绣制的龙衣凤裙时，她也惊呆了，她敏锐地感觉到这种款式的服装大有潜力可挖。

于是，金娜娇毫不犹豫地以 5 万元的高价买下了这套稀世罕见的衣裙。

回到厂里，她立即选取上等丝绸面料，聘请苏绣、湘绣工人，在那套龙衣凤裙的款式上融入现代时装的元素。功夫不负有心人，历时 1 年，她设计制出了当代的龙衣凤裙。

在广交会上，"龙衣凤裙"一炮打响，国内外客商潮水般涌来，订货额高达 1 亿元。

在由穷人变成富人的过程中，对金钱的嗅觉起着关键的作用。

一般而言，金钱的嗅觉包括心理、言语、交际等方面，是一种适于经济竞争和社会竞争的综合素质，并不限于精通一门技艺，而是一种理性的能力。因此，只有一个理性的人才具有对金钱敏锐的嗅觉。

而理性的人之所以能拥有金钱的嗅觉是因为他们具有以下的一些特征和能力。

1. 兴趣产生动力

作为一个会赚钱的人，他首先必须要对金钱有执着追求。对从事的事业有兴趣的人，才能在激烈的竞争中感受到无限的乐趣。同时，兴趣也是创意的根源，它会使我们发现无穷的改善方法。对金钱没兴趣的人，绝对不能做经营者，就是做了，也不会成功。一个理性的人能对自己有一个理性的分析，知道自己的优势在哪里、兴趣在哪里，这样就不会盲目。

2. 理性的人懂得科学理财

理财，一方面要胆大，另一方面要心细，这就是所谓的胆大心细。把握事情的轻重缓急，且具有敏锐的分析与处理能力，必能赚大钱。和金钱有关的事都有危险性存在。因此，如果你时时刻刻都战战兢兢，那就不可能成功。同时，你要有极大的耐心来细心处理与金钱相关的事情。

3.理性的人讲究商业信誉

的确，每个人都希望有钱，这并没有错，但要获得钱财，必须有原则：不能违背人情义理和政策法规去谋取利益。在商海中奋斗，信用和商誉非常重要。而信用和商誉，必须经过长时间的努力才能获得。

4.理性的人能在瞬间把握机会

在瞬息万变的商业社会里，把握时机、当机立断，比拖拖拉拉、一天开几次会议来得实际。与其把时间浪费在空谈上，不如看准机会，发挥决断的能力。如果过于慎重，反而会错失良机。虽然慎重是做生意的重要条件，但绝不是成功的必要因素。

5.理性的人拥有对数字的敏感性

熟悉数据，加强数字观念，是赚钱的根本素质。假如你有意于经营之道，那么平常就应熟悉数据，若临时抱佛脚，那就为时已晚。心算迅速，也可以帮助你迅速地作出判断。

6.理性的人懂得积累的重要

每个人都知道，小钱可以攒成大钱。但要实行，就有困难了，这需要持久的毅力和不变的决心。如果我们把每年收入的10%储蓄起来，不到几年就会是一个可观的数字。请注意，即使是我们非常需要用钱的时候，也尽量不要动用储蓄的钱，这对我们长期维持储蓄的计划十分重要。

要学会像成功者一样思考，培养对金钱的嗅觉。

思路决定"钱"途，行动创造"钱"景

生意场上的人总爱说"商机无限"，然而很多人同时又发现自己做什么生意好像都赚不了太多钱，开个饭店，发现那条街上到处都是饭店；开个复印打字店，发现干洗店的生意好像更好；等开了干洗店，发现街上已经有很多干洗店了。于是你迷茫了，所谓无限的商机到底在哪里？

商机是无限的，但是有待于敏锐的你去发现。正所谓思路决定"钱"途，行动创造"钱"景。没有眼力、不会思考的人永远只能跟在别人后面，别人干什么自己就跟着干什么；而有眼力的人则善于发现空白，做第一个吃螃蟹的人。

缔造"芭比娃娃"王国的女皇露丝·汉德勒就是一个很有眼力、会思考的人。

1942 年，踌躇满志的汉德勒夫妇在一间车库里创办了他们的公司。最初他们公司的产品是木质画框，埃利奥特研制样品，露丝负责销售。当时，露丝已经有了一个女儿，作为一位母亲和一个玩具商人，她十分重视孩子们的想法。一天，她突然看见女儿芭芭拉正在和一个小男孩玩剪纸娃娃。这些剪纸娃娃不是当时常见的那种婴儿宝宝，而是一个个少男少女，有各

自的职业和身份，让女儿非常着迷。"为什么不做个成熟一些的玩具娃娃呢？"这让露丝看到了商机，经过无数次的努力，芭比娃娃就诞生了！

1970 年，露丝被诊断患有乳腺癌，并接受了乳房切除手术。同时，美泰公司的新主管开始将公司产品多元化，不再把生产玩具作为重心，这一政策最终导致露丝和她的丈夫被迫远离他们当初创建的公司业务。1975 年，露丝辞去了总裁职务，离开了自己和丈夫创立的公司。

这一连串的不幸没有击垮露丝，眼光独到的她从自己的疾病中获得了新的灵感。她为自己做了一个逼真的假乳房，取名为"真我风采"，并由此开始了她的二次创业。1976 年，露丝成立了一家新公司，不是生产玩具，而是生产人造乳房。她的目标是使人造乳房非常真实，以使"一个女人可以戴一般的胸罩，穿宽松的上衣挺胸走在路上，而且非常骄傲"。

正如"芭比"在一开始受到冷遇，在那个年代，乳房病症仍然是一个难以启齿的话题，露丝受到了很多的嘲笑和讥讽，即使是女人对她也不理解。露丝坚持了下来，顽强地面对种种阻碍，到了 1980 年，露丝公司人造乳房的销售额已经超过了 100 万美元。她又一次获得了非凡的成功。

会思考、会分析，才会看到商品是否有增值的可能性。二十几岁的年轻人要想有眼力、会思考，首先要有创业激情，一个对成功有强烈渴望的人才会全身心地投入市场和商品研究中，这也是成功的第一步；其次，还需要增强多专业交叉的知识结构，以拓展具有可能性的创业领域。因为，任何一个人都是无法超越自己的知识结构背景而具备识别商品的眼力的。

会思考，更要敢于行动。正所谓最大的冒险，就是不去冒险，财富总是青睐有勇气的人，犹豫畏缩、不敢迈步的结果是让你在追逐财富的道路上永远原地踏步。

皮尔·卡丹是个敢于冒险的人，他对马克西姆餐厅的经营策略更是体现了他在关键时刻的决策能力和才干。马克西姆餐厅创建于1893年，是法国著名的高档餐厅，但是，发展到20世纪70年代，经营状况却越来越不景气，到1977年时，已濒临倒闭。

这时，皮尔·卡丹却决定买下马克西姆餐厅，朋友都以为皮尔·卡丹在开玩笑，纷纷劝阻他。但是，皮尔·卡丹自己却认为马克西姆虽然目前不景气，但历史悠久，牌子老，有优势。它经营状况不佳的主要原因在于档次太高，而且品种单一，市场也局限在国内，只要从这几个方面加以改进，肯定可以收到成效。而且，在其不景气的时候购买，才能以低价买进。

1981年，皮尔·卡丹终于以巨款买下了马克西姆这一巨大产业。经营伊始，他立即着手改革。首先，增设档次，在单一的高档菜的基础上再增加中档和一般的菜点；其次，扩大经营范围，除菜点外，兼营鲜花、水果和高档调味品。事实证明他当初的冒险是非常正确的。

要有冒险精神，并不是让人盲目下注，盲目下注相当于把钱扔掉。创业之路上，意气用事，甚至没有任何原因就盲目投入的案例并不少。二十几岁的年轻人不仅要敢想，更要敢做，还要时时控制自己，保持清醒的大脑是制胜的关键。

借鸡生蛋，借钱生钱

聪明的投资者都懂得借钱来赚钱。西方商界有句名言：只有傻瓜才拿自己的钱去发财。美国亿万富翁马克·哈罗德森也曾说："别人的钱是我成功的钥匙。把别人的钱和别人的努力结合起来，再加上你自己的梦想和一套奇特而行之有效的方法，然后，你再走上舞台，尽情地指挥你那奇妙的经济管弦乐队。你就会出奇制胜，大获成功。"著名华商沈鹏冲、沈鹏云兄弟就是善借财势巧妙经营的杰出代表。

沈鹏冲、沈鹏云两兄弟 1949 年从内地到香港谋生。众所周知，20 世纪 40 年代末至 50 年代末，香港的经济还很不发达，在那里生活非常不容易，连找份工作也很艰难。

沈氏兄弟觉得在香港难以谋生，听说巴西有创业的机会，便于 1955 年来到巴西圣保罗市。经过一番寻找，他们终于找到一份工作，总算有了个落脚点。

有一次，沈鹏冲到南里奥格兰德州首府阿雷格里港旅行，在一间餐馆吃饭时，发觉一种意大利肉鸡美味可口，他饱餐了一顿。同时他还打听到，这种意大利肉鸡是一种有名的肉食，当地人十分喜爱。

可谓踏破铁鞋无觅处，得来全不费工夫，沈鹏冲无意中获得了意大利肉鸡这个信息。他顾不得旅行，火速赶回圣保罗与弟弟商量饲养意大利肉鸡一事。

一番算计之后，兄弟俩觉得此事虽有前途，但可惜没有资金，怎么办得起鸡场？他们被难住了。连续几天奔走求人借钱都无门，简直绞尽了脑汁。在苦思之中，弟弟沈鹏云突然想起了中国传统谋略中所说的"借术"，当自己的力量不够的时候，应当善于借助他人的力量。

沈鹏冲兄弟根据这个方法，策划组织了一个互助会，其实质是一种合作社形式，在其相识的朋友、邻里、工友中招募人员参加。他们反复讲明参加互助会的成员投入的本金及利息可按时归还，还能获得较好的分红，因为互助会所筹集的资金是用来创办有发展前途的意大利肉鸡场的。经过他们俩声嘶力竭的宣传和东奔西跑的登门游说，虽说没有多少人参加，但总算筹到1万美元。他们就凭这1万美元在阿雷格里港郊区办起了一个养鸡场，取名为"阿维巴农场"。

由于资本太少，初期该农场规模不大，每星期只能供应200只鸡。但沈鹏冲、沈鹏云兄弟却充满信心，认为这养鸡场正如母鸡一样，由小到大，然后下蛋，再孵出一群小鸡。如此反复循环，很快就会繁殖出千千万万只鸡来。在他们的辛勤劳动和精心管理下，阿维巴农场果真迅速发展壮大起来，几年后改为阿维巴公司。随后，公司办起了多个养鸡场。至今，他们已拥有 24 个养鸡场。同时，他们还相继建起孵化场、饲料厂、冻鸡加工厂等，使公司各项业务配套成龙。现在，沈鹏冲兄弟的公司每周可供应 180 万只鸡，仅此一项业务，每年营业额就达 1.65 亿美元。

随着养鸡业的发展，沈氏兄弟的财富不断增多，他们趁势拓展业务，先后又办起 4 家贸易公司，这方面的年营业额也高达 2 亿美元。

沈氏兄弟白手起家，以"互助会"的形式发挥"借术"，从养鸡开始，成功地开创和发展了自己的事业。这种"借鸡下蛋，以蛋孵鸡"的手法，十分高明，发人深省，耐人寻味。

"借鸡生蛋"虽是经商的一大诀窍，但借钱需要一定的技巧。

你要想让人心甘情愿地把钱借给你，还要谢你，你就必须找到别人的需求点：在按时还钱给他的同时，还给他带来丰厚的收益。这是借钱赚钱必须知道的技巧。

先用小钱赚经验，再用经验赚大钱

很多人梦想自己有朝一日能不费吹灰之力，让财富滚滚而来，潇洒自在地快活一番。但大多数人终其一生难以梦想成真，这是什么原因呢？因为有些人赚钱的心太急了，从而导致了错误的致富心态。他们只想发大财、赚大钱，能赚小钱的机会看不上眼，忘了积少成多、涓滴成海的道理。

有的人"大钱赚不到，小钱不愿赚"，结果总是愁钱用。事实上，赚小钱是赚大钱的必要步骤。有位百万富翁说过：小钱是大钱的祖宗。在赚小钱的过程中，可以增加经验、见识、阅历，培养金钱意识和赚钱能力，同时积累人际资源。

四川成都双流区的"李姐稀饭店"曾靠卖稀饭，在短短的5年时间里，拥有了百万财富。

李姐大名叫李春花，她与丈夫辜强都是重庆市仁寿县人。夫妻俩在1992年双双下岗。他们先是做烟草生意，但由于上当受骗进了假烟，不仅赔光了积蓄，还背上了20多万元的债。

为了逃避债主，夫妇俩来到当时的成都双流县城卖稀饭。但稀饭的确不好卖，开张3个月就亏本3万多元。顾客偶然的一句话提醒了他们："开稀饭店啊，一定要改变经营理念，要不断地盘算出新花样才行。"

夫妻俩决定把稀饭当成正餐做,原因有二:一是现在生活好了,人们对大鱼大肉吃腻了,喝点稀饭爽爽,是一种必要;二是如果把稀饭当成正餐来吃,就必须改变一些特点,改良稀饭品种,比如鱼稀饭系列、腊肉稀饭系列、肥肠稀饭系列等。另外,还可根据稀饭的特点配置各种各样的菜品。这样,就把稀饭和正餐的饮食特点结合了起来。

辜强在短短的几个月时间内,便研究出了十几种稀饭。新品稀饭正式营业那天,夫妇俩熬了五锅不同类型的稀饭,免费给顾客品尝。客人们吃完后个个赞不绝口,都觉得稀奇,因为他们从来都没见过稀饭也可以做出这么多花样来。这样一传十、十传百,没过多久,小店的客人就比原来多了好几倍,日营业额有时竟高达两三千元。

日趋增多的顾客常使李姐夫妇感到忙不过来,李姐的心里又开始盘算起来:不如换个大点的地方卖稀饭,把稀饭产业做大。于是他们租下了一个面积约两亩的农家大院,又聘请了几个工人,做各种新式稀饭。新店的生意果然更火爆,一到周末,大院前面的空地上便密密麻麻地停满了车辆。

面对喜人的局面,李姐居安思危:一定要保住稀饭这块牌子。于是,她迅速到有关部门注册了"李姐稀饭大王"的商标,又将店搬迁到一个足有3亩地的地方,并聘请了50多名小工。后来,李姐又添加了中餐和小吃等项目,由于味道好,价钱合理，同样受顾客喜欢，一天的营业额有时高达 1.7 万元。

有人问李姐成功的秘诀是什么。李姐就告诫他们："不要认为稀饭利薄就不去做，利薄总比没有强。我最瞧不起那些穷得叮当响，又总想挣大钱的人。勿以利小而不为，小本生意做大就成大生意了啊。"

不要嫌生意小利润少，先赚小钱累积经验，再用经验赚大钱，这种经营观点正体现了那些成功者的高明之处。据统计，国外 90% 以上的大富豪是白手起家或靠小本起步的，只有 10% 不到的人是靠继承遗产发家的。

事实上，做小生意是做大生意的必要步骤，因为在做小生意的过程中，可以增加经验、见识和阅历，可以培养一个人做生意赚钱的能力，同时还能积累人际资源。试想，一个不愿做小生意的人，他能管理好资产上百万的企业吗？所以，要想赚大钱，不能指望"一口吃成胖子"，还是要脚踏实地，从小生意做起。

冷门处掘金，做生意也要有"个性"

古人云："与人相对而争利，天下之至难也。"商场上竞争激烈，如何在竞争中取胜？二十几岁的年轻人不妨采用逆转思维，人弃我取，在冷门处掘金。明代的大富豪展玉泉便是这方面的典范。

明初的盐商，以经营淮盐者居多，经营沧州（在今河北）盐的人少，即使有人经营，时间也比较短。但也有例外，那就是独具远见卓识的展玉泉。

根据明代不得越境销售的严格规定，沧盐的运销地区是直隶及河南彰德、卫辉二府等地。时至明中叶，这种盐业专卖制出现了严重危机。

由于盐业可获大利，官僚子弟便大量涌入盐业，致使私盐之风日盛，私盐多而官盐阻滞。由于当时的特定时局，加之受沧州本地特殊的地理环境等诸多因素的综合影响，沧州盐区成为这一危机的重灾区。沧州盐区出现了大量的私盐入境，加上当地居民自制土盐使得沧盐销量锐减。经营沧盐的商人在盈利额大幅下跌的情况下，纷纷离去，到其他地区另谋生计。曾经盛极一时的盐业，一时间竟成了冷门。

大多数商人纷纷离去，展玉泉的父亲受这些人的影响，有所动摇，想效仿其他商人的做法——离开沧州。有一句话说得好，"知子莫如父"，展玉泉的父亲深知展玉泉深谙经商之道，多年的商场历练之中，更是充分显示了他那高人一等的经商谋略。因此，展玉泉的父亲虽心中已有定夺，但还是想听听展玉泉的意见。

听了父亲的打算，展玉泉断然否定了这一想法，有条不紊地分析了当时的时局，并对父亲说道："在沧州重新成为盐的热销区之前，我们何不借此机会，多争得一些客户的信任，提高我们的知名度，为我们的财富大厦打下更深的地基呢？地基越深，我们的财富大厦就能'盖'得越高。因此，虽然我们现在在坐'冷板凳'，可一旦把'冷板凳'坐热之后，就可以实现'闭门家中坐，利从天上来'了。这就是'冷板凳'谋略的威力。总之，我们坚守阵地不动是静态的进攻策略，此乃上策；若此时采取动态的进攻策略——效法其他商人离去，乃为下策。"最后，展玉泉以简短的一句话道出了其中的利害关系。

展玉泉的父亲听了展玉泉那头头是道、脉络清晰、逻辑严密的论述之后，沉默了很久。他不断地权衡着离与不离的利弊，最后认同了展玉泉的观点，并暗赞道："真是青出于蓝而胜于蓝，长江后浪推前浪，一代新人换旧人呀！"于是，在沧州盐出现大量私盐入境，销售大减，其他盐商都相继离去的情况下，唯有展玉泉的父亲坚守基业，没有离去。

后来，展玉泉的话果然应验，他的"冷板凳"坐热了，而且温度越升越高。盐制经过改革和整顿之后，出现了新的局面，经营沧盐者又可谋取大利了，众盐商又纷纷云集于沧州，盐商人数比过去增加了十多倍。

由于展氏家族在众盐商纷纷离去之际，没有随波逐流，而是一直坚守自己的阵地，所以在此期间，赢得了很多老客户，形成了自己固定的客户群。而其他的后来者就不得不重新开发自己的客户群。我们知道，开发一个新客户的成本相当于保住四个老客户的成本，这样，展氏的经营成本明显大大低于其他盐商，相对地，他的盈利则大大高于其他盐商。

展玉泉"人弃我取"善坐冷板凳的谋略观使展家与其他的盐商相比较，具有绝对的客户资源优势，客户资源优势便意味着市场资源优势，而市场资源的优势便昭示着丰厚的利润。

在市场中，所谓的冷门或热门并无严格意义的区分。今天的冷门或许就成了明天的热门，而今天还风风火火的热门，说不定明天就无人问津了。人们都有跟风的爱好，哪个行业赚钱便蜂拥而上，竞争的激烈可想而知，不仅赚钱艰难，由此还可能导致整个行业的崩溃。

当大家都疯狂地拥向热门行业时，不妨做个冷静的旁观者，悄悄向冷门处进军，说不定会有意想不到的收获呢！

善唱"对台戏"，利用对手进行宣传

对产品进行宣传是产品销售中的一个重要环节。宣传不仅能扩大知名度，而且代表一家企业的形象。抓住对手的短处，有针对性地宣传，可使消费者在莞尔一笑之余，点头认可，从而成为自己产品的追随者。

这样的宣传，首先要了解产业内的利润集中区，即竞争对手实际赚钱的范围，这样可以开阔视野，看到新的机会。先想出哪一个对手拥有高市场占有率，而且在市场某特定区块获利极高；再想想，如何把对手这项优势当作弱点。通常，在面对这种猛烈的攻势时，对手必得大幅降低利润，否则无力招架。

国内外有许多大家耳熟能详的产品利用对手的弱点进行宣传，取得了不错的反响和效果。

苹果公司为与"蓝色巨人"IBM相抗争而推出的名为"1984"的广告，取得了巨大的成效。而作为电脑界泰斗的IBM公司当然不甘心就此退出小型电脑市场，因为这会给企业形象带来很大的冲击，于是，IBM公司发起了反击。除了加快研适销对路的新产品和提高产品质量与服务外，IBM公司以自己雄厚的实力掀起了一场广告战。

其中的一则广告画面极其生动有趣，且富有温情。一开始便是一望无际的沙漠，一头大象和一头小象在其间跋涉。小象极其活泼，四处乱跑，而大象一直在后面跟着，照顾着它。前面是一座沙丘，又高又陡，小象逞强地向上冲，非常努力，快到丘顶的时候却滑了下来。大象跟了上去，用它的鼻子，用它的身体，把小象托了上去。然后，换成了小象跟着大象，由大象带领着，穿越沙漠，向远方走去。

这则广告继"1984"之后在全美电视台播放，马上引起了千万消费者的注意。可爱好动的小象、老成持重的大象，配以迷人的沙漠风光，广告的寓意十分明显，把IBM公司在电脑界的地位表现得淋漓尽致。广告的诉求十分准确，效果十分明显。

没有太多的宣传渠道，没有太多的宣传经验，也没有太多的钱去做铺天盖地的宣传，就要寻找对手的弱点，有针对性地进行宣传，这样可以达到有效的宣传目的，又可以节省资金。但注意一定要实事求是，宣传的"度"一旦把握不好，就会使消费者产生厌恶之感。

设计产品时，要相信客户都是"懒人"

马云是阿里巴巴的创始人，他用7年时间缔造了全国最大的电子商务帝国——阿里巴巴，创造了中国式的"阿里巴巴芝麻开门"的成功神话。

马云收购雅虎后，雅虎的一些员工一时还没有改变原有的工作方式，在这种情况下，马云讲了他的"懒人理论"，目的是委婉地告诉雅虎员工在阿里巴巴工作，需要改变方法。阿里巴巴的理念是"要相信客户都是懒人"，所以需要处处为客户着想，客户懒得做什么，阿里巴巴就要做什么。

"世界上很多非常聪明并且受过高等教育的人无法成功，就是因为他们从小就受到了错误的教育，他们养成了勤劳的恶习。

很多人记得爱迪生说的那句话：天才就是99%的汗水加上1%的灵感，并且被这句话误导了一生——勤勤恳恳地奋斗，最终却碌碌无为。其实爱迪生是因为懒得想他成功的真正原因，才编了这句话来误导我们。

"很多人可能认为我是在胡说八道，好，让我用100个例子来证实你们的错误吧！事实胜于雄辩。

"世界上最富有的人比尔·盖茨，懒得读书，就退学了。他又懒得记那些复杂的DOS命令，于是，就编了个图形的界面程序，叫什么来着？我忘了，懒得记这些东西。于是，全世界的电脑都长着相同的'脸'，而他也成了世界首富。

"……

"我以上所举的例子，只是想说明一个问题，这个世界实际上是靠懒人来支撑的。世界如此精彩都是拜懒人所赐。现在你应该知道你不成功的主要原因了吧？

"懒不是傻懒，如果你想少干，就要想出懒的方法。要懒出风格，懒出境界。"

在阿里巴巴有一个有趣的现象，马云身为互联网公司的CEO，却对互联网十足外行，甚至马云自己都说，只会收发邮件。

马云说："计算机我到现在为止只会做两件事，收发电子邮件还有浏览，其他没有了，我真不懂，我连在网上看VCD也不会，电脑打丌我就特别烦，拷贝也不会弄，我就告诉我们的工程师，你们是为我服务的，技术是为人服务的，人不能为技术服务，再好的技术如果不管用，瞎掰，扔了，所以我们的网站为什么那么受欢迎，那么受普通企业家的欢迎，原因是，我大概做了一年的质量管理员，就是他们写的任何程序我要试试看，如果我发现不会用，赶紧扔了，我说 80% 的人跟我一样，不会用的。"

可以说，马云的"懒人理论"颠覆了我们以往的惯性思维，跳出了固有观点的圈子，一针见血地指明了通往成功的出路——阿里巴巴的平民化，马云要求阿里巴巴要以客户的要求为导向，不能把网络做得太复杂，要通俗易懂，方便操作，最好是让"菜鸟"都能玩转阿里巴巴，这是马云所希望看到的。

所以，阿里巴巴每做一个新程序，都要给马云亲自体验一番，员工们戏称为"马云测试"，就像白居易诗成后每每读给老妪听，若老妪不解，便再加修改一样，做到"老少咸宜，男女通杀"。

马云告诉阿里巴巴的程序员："我不想看说明书，也不希望你告诉我该怎么用。我只要点击，打开浏览器，看到需要的东西，我就点。如果做不到这一点，那你就有麻烦了。即使在后来，使用淘宝和支付宝这些网站时，我也是个测试者。我和淘宝的总经理打赌，随便在路上找 10 个人做测试，如果有任何顾客说，他对使用网站有问题，那么你就会被惩罚；如果大家都能使用，完全没有问题，那么你就有奖励。所以这个测试是确保每一个普通人都能使用网站，不会有任何问题，只要进入，然后点击就行了。因为我说的话代表世界上80%不懂技术的人。他们做完测试，我就进去用，我不想看说明书，如果我不会用就扔掉。"

这样一来，大大简化了阿里巴巴网站中各种功能的使用方法，包括后来的淘宝、支付宝。

马云认为多数客户是跟他一样的电脑"菜鸟"，他选择站在客户的角度揣摩客户的心理，这一点使他大获成功。

引发争论，在公众激烈的探讨中深入人心

2000年4月，在全国饮用水市场排行第三的农夫山泉突然向媒体宣布，经实验证明纯净水对健康无益，农夫山泉从此不再生产纯净水，而只生产天然水。

农夫山泉的根据是：纯净水纯净得连微量元素都没有了，而微量元素是人体健康必不可少的。

此言一出，就好像一颗石子投进水里，立即掀起了阵阵波澜。众多纯净水生产厂家纷纷站出来指责农夫山泉的说法是"诋毁纯净水"的"不正当竞争行为"，违反了《不正当竞争法》。5月，广西53家纯净水生产厂家代表会聚北海，众口一词地谴责

农夫山泉；同月，广东省瓶装饮用水专业协会在广州举行"安全卫生饮用水保健康"的专题座谈会，邀请有关专家和广东近 20 家饮用水生产厂家的负责人参加。说是座谈会，但会议更像是一次声讨大会，与会人士的发言都是针对农夫山泉的，且颇带有"檄文"的色彩。

国内最大的饮用水供应商"娃哈哈"的董事长宗庆后也愤然质询天然水到底是什么；已坐上水市场老二位置的乐百氏的总裁何伯权也有一番激越的言辞：农夫山泉的做法是一种非常不负责任的表现。

面对全国同行的同声反对，农夫山泉不仅未有所收敛，反而变本加厉。不久，它又推出用意更明显的广告：一群小学生在做实验，分别用纯净水和天然水来养水仙花。几天后，用天然水养出的水仙花长得更茁壮。最后，实验得出了这样的结论：天然水好于纯净水。

农夫山泉还在全国范围内举行活动，召集全国小学生参加一项比较实验：将金鱼、大蒜分别放入纯净水与天然水中，然后观察其存活和发育状况；分别用这两种水泡茶，观察 24 小时后茶色的变化。

农夫山泉宣称，此举是为了发动一场饮用水革命，引发人们对科学饮水的探讨。它相信，在进行了这场争论之后，饮用水行业必然出现一种新的平衡，而这种平衡将推动该行业向更加有利于消费者健康的方向发展。

面对这一场突然发自"水"面的波澜，新闻媒体自然是不遗余力地争相报道。在报道中，同样加进了一些渲染的成分。很快，事情就演变成一场纯净水和天然水之间的大战。

事实上，从1999年开始，农夫山泉的传播主题就渐次地从"农夫山泉有点甜"转化为"好水何处健康来"，强调水源、水质概念，主诉点强调千岛湖的天然矿泉水。千岛湖，华东一个著名的山水旅游风景区，水域面积573平方千米，平均水深34米，透明度可达7米，属国家一级水体，不经任何处理即可达饮用水标准，具有极高的公众认同度；而农夫山泉是选取千岛湖水面下70米无污染活性水为原料，经先进工艺进行净化而成。这是农夫山泉的最大资源优势。

在2000年维护纯净水健康发展研讨会后，众纯净水厂家发表了联合声明，集体声讨农夫山泉的不正当竞争行为，并准备请求有关部门检测农夫山泉的水源水质，严惩农夫山泉的不正当竞争行为，制止农夫山泉违法生产瓶装水。

针锋相对地，农夫山泉方面对纯净水厂家的联合声明迅速做了反应，在当地报纸上刊登广告，称将于当日晚8时30分召开记者招待会，广邀正在杭州采访以上事件的全国各地新闻媒体记者，将在会上阐述某些事宜。与此同时，有关法律专家也耐不住寂寞，从法律角度分析农夫山泉的做法，事情越闹越大。

这正是农夫山泉想要达到的效果，因为农夫山泉发动的这场"水战"本身就是一场没有结论的命题，大家反应越激烈，言辞、举动越过火，新闻跟踪报道的力度越大，就对农夫山泉越有利。

在这场非常具有争议性的炒作中，农夫山泉没有花一分钱的广告费，就将农夫山泉的水源概念和天然水的品质深入人心，取得了巨大的营销效果。

饥饿营销：让你的产品供不应求

2009年10月，微软Windows7正式在北京发布。Windows7家庭普通版预售价仅为399元，这也是微软历年来在华销售价格最低的Windows操作系统。在铺天盖地的宣传攻势之后，微软Windows7在中国迅速热销。不过，仅仅上市两天后，Windows7就出现了"一货难求"的情况，有钱也买不到。

"我们遭遇了传说中的'饥饿营销'。"在各IT论坛上，热盼Windows7的消费者发泄着自己的无奈。相对于Windows7上市之前长达5个月的宣传攻势，正式上市之后却难觅踪迹，这一现象让消费者很难理解。

微软在接受媒体采访时，对"饥饿营销"的说法不置可否。相关负责人表示，正和众多合作伙伴密切协作，加大供货力度，确保用户在第一时间购买和体验到Windows7。微软还表态称，对于准备购买新电脑的客户，购买预装正版 Windows7 操作系统的电脑将是最经济实惠的。

微软 Windows7 有意调低供货量，以期达到调控供求关系、制造供不应求"假象"、维持商品较高售价和利润率的目的。此前，诺基亚对 N97 就采用了在电视、网站、户外广告牌进行大量的轮番广告轰炸，但严格控制发货数量，给人造成产品供不应求印象的销售策略，从而让这款产品一度成为顶级手机的销量冠军。

饥饿营销源于一个传说。古代有一位国王吃尽了天下山珍海味，从来不知道什么是饥饿。所以他变得越来越没有食欲，每天都很郁闷。某一天，他外出打猎迷路了。饿了几天之后终于在森林里遇到了一户人家。那家人把家里唯一的野菜和馒头煮在一起做了一顿乱炖，国王二话不说，就把锅里的菜全部吃光，并将其封为天下第一美味，并把那个山民当成大厨带回宫里。然而，等国王回到王宫饱食终日之后，那个山民再给他做菜他也不觉得好吃了。这一常识已被聪明的商家广泛地运用于商品或服务的商业推广。

这种饥饿营销不仅仅是大的商家在用，一些聪明的店主也用这种方式极大地促进了商品的销售。比如，在地安门十字路口有一家京城极负盛名的干果店，店主陈红村通过探究民间炒板栗的秘方，精选颗粒最为饱满的怀柔油栗，用特殊的糖和沙子炒制而成，板栗的香味引来了无数的吃客。在这家面积不到 40 平方米的小店，顾客每次起码要排半小时的队才能买到。过节时一天就能卖出2000多斤糖炒栗子，光靠栗子、瓜子等一些干果竟然一年能卖出五六百万元。

为此，有吃客在网上发表了他总结出的生意经。他认为，这家店之所以出名，不仅仅是板栗大王炒的栗子好吃，更重要的原因是这里的栗子要排队才能买到。光是这个，在商品极度丰富的市场上，就很是难得。另外，排队过程中，顾客可以从玻璃窗外看到在一个单间里，员工在将坏的栗子从大麻袋中一个个挑出来，这是一个可以亲眼看到的"质量控制"流程，想必印象很深。一锅炒的栗子只有20来斤，不是那么大规模地生产来保证供应，这是典型的市场"饥饿"策略。供应不够，需求旺盛，就得排队，越排队越觉得值。排队过程很枯燥，他们在卖糖炒栗子之外，还卖炒瓜子，这个可以轻易买到。排队时很多人买瓜子嗑，瓜子成了衍生服务，销量不比栗子少，业务自然生长，完成了多元化。排半小时甚至一小时的队，你肯定烦了。轮到你买，原本买两斤的，买了四斤，原本买五斤的，买了十斤。顾客不愿意吃亏，排了老长的队，买少了总是觉得亏。前面的买得越多，后面的队排得越长。

从微软Windows7和干果店这两个案例中我们可以发现，饥饿营销的操作其实很简单，即先用令人惊喜的质量和价格，把潜在消费者吸引过来，然后限制供货量，造成供不应求的热销假象，吸引更多的消费者。但我们不能忽视的是，饥饿营销运行自始至终贯穿着"品牌"这个因素，即饥饿营销的运用必须靠产品强势的品牌号召力。无论是微软 Windows7 还是京城那家干果店，它们在实行饥饿营销的时候，都已经有了自己的品牌。而正是由于有"品牌"这个内在因素，饥饿营销就成了一把"双刃剑"。剑用好了，可以使原本强势的品牌产生更大的影响，赚取超乎想象的利润。如果用不好的话，将会给产品的品牌造成伤害，而降低附加值。

价格并非越便宜越好

2004 年夏季，中国车市出现了一个怪现象。当年 6 月，北京国际车展异常火爆，达到近几年的最高峰，然而，车展过后，车市却一下子跌入冷清。尽管各厂家纷纷采取降价措施，可车价大面积降价后市场仍无起色，一些厂商甚至出现恐慌情绪。

而且，这次车市风云还有两个怪现象。

其一：车市越来越像股市。"买涨不买跌"本是股市语，如今已用于车市。顾客天天盼着汽车降价，但买了车又担心降价，而每次担心又常常应验，结果导致大家紧捂口袋，不敢买车；

其二：降价不再一降就灵。每当车市停滞，产品积压，新品推出，或对手产品下线，汽车厂商只要使出降价这个撒手锏，就会立竿见影，药到病除，效果百分百。但现在变了，降价后，消费者口袋捂得更紧，经销商没有笑容，厂商也战战兢兢。没想到市场对降价不仅有了"抗药性"，还有了副作用。

有专家认为车市冷清就是让汽车降价闹的，消费者的购买欲望是在连续不断的大幅降价过程中被严重摧毁了。好不容易买辆车，光荣迈入有车一族，兴奋了一个星期，就变苦哈哈了。为什么呢？原来车价降了两三万，顾客的钱都打了水漂。

这让人想起经济学著名的"囚徒困境"：

两个共犯的囚徒被捕，分开审讯。审讯条件是：如果两个囚犯都不说，那么两个人都无罪；如果两个人都说，两人都会被判坐牢5年；如果一个囚犯说了，另外一个不说，那么不说的囚犯因为拒绝交代问题被判坐10年牢，而交代的囚犯将从轻处罚被判坐牢10个月。无疑，两个人都不说是最优的选择，但是在双方无法互通信息的情况下，双方都害怕成为拒绝交代的那个人而被判10年牢，在这样的困境下，最优的选择就是主动交代问题，争取从轻处罚。

那么在中国汽车厂商这些"囚徒"的背后，隐藏着什么秘密呢？

吉利集团董事长在接受媒体采访时说："现在的汽车价格是一种畸形，不可能维持太长时间。"虽然汽车厂商们说汽车价格已经接近成本价，但他们心知肚明，这是蒙人的，为了共享高利润，大家都憋住不说，他们的攻守同盟本来坚持得很好。消费者也知道这样不好，但苦于找不到合适的证据，看着厂商们信誓旦旦。终于一个"囚犯"憋不住了："我交代！"这一交代，就露了底。

由此看出，车市冷清，价格一降再降，将使汽车泡沫被点破，汽车暴利开始走向终结。这对消费者来说是好事。

今后，我们将会欣喜地看到，汽车降价将是常态，不再是新闻。

因此，也可以看出产品并非越便宜越好。价格战是各门店竞争的必备策略，但是这很可能会造成恶性循环。不惜成本的价格战，不一定能取得最佳的收益。千万不要认为产品越便宜越好卖。现在人们的生活水平提高了，同类产品中悬殊的低价格，会使顾客对产品的品质产生怀疑，而淡化购买的欲望。在面对面销售中，店员的工作就是要为顾客灌输价值等于价格的观念，他们所花的每一分钱都是物有所值的。

有一位顾客到 A 家具店想购买一把椅子，A 店员带顾客看了一圈。

顾客："那两把椅子多少钱？"

A 店员："那个较大的是 200 元，另外一把是 500 元。"

顾客："这一把为什么比较贵，我觉得这一把应该更便宜才对！"

A 店员："这一把进货的成本就快要 450 元了，只赚您 50 元。"

顾客本来对 200 元的椅子感兴趣，但想到另外一把居然要 500 元，于是对 200 元椅子的质量产生疑问，就不敢买了。

顾客又走到隔壁的 B 家具店，看到了两把同样的椅子，打听了价格，同样是大的 200 元，另外一把 500 元。顾客就好奇地请教 B 店员。

顾客："为什么这把椅子要卖 500 元？"

B 店员："先生，请您把两把椅子都坐一下，比较比较。"

顾客照他说的，两把椅子都坐了一下，一把较软、一把稍硬，但坐起来感觉都挺舒服的。

B 店员看顾客试坐完椅子后，接着告诉顾客："200 元的这把椅子坐起来比较软，您会觉得很舒服，而 500 元的椅子您坐起来觉得没有那么软，这是因为椅子内的弹簧数不一样。500 元的椅子由于弹簧数较多，绝对不会因变形而影响到您的坐姿。不良的坐姿会让人的脊椎骨侧弯，很多人腰痛就是因为长期坐姿不良引起的，光是弹簧成本就将近 100 元。而且，您看这把椅子旋转的支架是纯钢的，它比非纯钢的椅子寿命要长一倍，不会因为过重的体重或长期的旋转而磨损，要是这一部分坏了，椅子就报废了。因此，这把椅子的平均使用年限要比那把多一倍。

"另外，这把椅子虽然外观看起来好像不如那把豪华，但它是依照人体科学设计的，坐起来虽然不是很软，却能让您很长时间都不会感到疲倦和腰酸背痛。一把好的椅子对长年累月伏案办公的人来说太重要了。这把椅子虽然不太显眼，却是精心设计的。老实说，那把 200 元的椅子中看不中用，使用价值没有 500 元的这把高。"

顾客听了 B 店员的说明后，毫不犹豫地买了贵椅子。

在这个案例中，A 家具店的 A 店员面对顾客的价格质疑，采取了常规的解释方法，不能令客户满意，并且还在客户的头脑中形成了便宜椅子品质不好的猜想，销售必然是以失败而告终。B 家具店的 B 店员采取了不同的销售方法。他首先让顾客亲自体验一下两把椅子的不同，从而让顾客建立对椅子的初步认识。在此基础上，深入分析两把椅子的不同之处及贵椅子的种种好处，从而把顾客的思维从考虑价格转移到考虑价值，并且取得顾客的认同，成功地销售了一把 500 元的椅子。

图书在版编目（CIP）数据

逆转思维 / 德群著 . —北京：中国华侨出版社，
2019.10（2024.6 重印）
ISBN 978-7-5113-7973-3

Ⅰ . ①逆… Ⅱ . ①德… Ⅲ . ①思维方法－通俗读物
Ⅳ . ① B804-49

中国版本图书馆 CIP 数据核字（2019）第 189307 号

逆转思维

著　　者：德　群
责任编辑：唐崇杰
封面设计：冬　凡
美术编辑：张　诚
经　　销：新华书店
开　　本：880mm × 1230mm　1/32 开　印张：5.5　字数：150 千字
印　　刷：三河市华成印务有限公司
版　　次：2020 年 4 月第 1 版
印　　次：2024 年 6 月第 6 次印刷
书　　号：ISBN 978-7-5113-7973-3
定　　价：35.00 元

中国华侨出版社　北京市朝阳区西坝河东里 77 号楼底商 5 号　邮编：100028
发 行 部：（010）88893001　　　传　真：（010）62707370

如果发现印装质量问题，影响阅读，请与印刷厂联系调换。